30天必会建筑手绘快速表现（第2版）

To Master Architecture Hand-Drawing Fast Performance in 30 Days

杜健　吕律谱◎编著

卓越手绘

华中科技大学出版社
http://www.hustp.com
中国·武汉

杜健

卓越手绘教育机构创始人

卓越手绘教育机构主讲教师

生态保护展馆建筑手绘设计方案获2010年第五届

“WA·总统家杯”建筑手绘设计大赛 设计师组 一等奖

曾出版：《30天必会建筑手绘快速表现》《30天必会室内手绘快速表现》等系列书籍

《景观设计手绘与思维表达》《室内设计手绘与思维表达》等系列书籍

《建筑·城市规划草图大师之路》《景观草图大师之路》等系列书籍

《卓越手绘考研30天：建筑考研快题解析》《卓越手绘考研30天：环艺考研快题解析》等系列书籍

《建筑快题设计100例》《景观快题设计100例》等系列书籍

吕律谱

卓越设计教育创始人

卓越手绘课程研发总负责人

曾出版：《30天必会建筑手绘快速表现》

《30天必会室内手绘快速表现》等系列书籍

《景观设计手绘与思维表达》

《室内设计手绘与思维表达》等系列书籍

《建筑·城市规划草图大师之路》

《景观草图大师之路》等系列书籍

《卓越手绘考研30天：建筑考研快题解析》

《卓越手绘考研30天：环艺考研快题解析》等系列

《建筑快题设计100例》

《景观快题设计100例》等系列书籍

序 言 Preface

古语有云：“业精于勤，荒于嬉；行成于思，毁于随。”

任何惊人的技能，皆需勤奋。

然而，苦练而不得其法，进步必然甚缓。名师出高徒，便是这个道理。

手绘，对于当今奋斗在设计前沿的设计师和学子而言，已经并不陌生。对于手绘的用法、用途及前景，多年来业内也是争论不休。有人说手绘是设计师不可或缺的技能，自然也有人认为手绘无用。

姑且不论孰是孰非，笔者认为，手绘的重要程度取决于个人的发展以及想达到的高度。如果只想成为设计的碌碌庸才，那只学会软件也并无不可。如果想追求设计的真谛，成为万人仰慕的大设计师，恐怕还是要有一定的手绘基础。

绘画风格的形成因人而异，笔者二人虽师出同门，但绘画风格却大相径庭。笔者先是启蒙于赵国斌老师，后师从沙沛老师学习技法，多年来，一直深受国内几位大师的作品的影响。笔者也深感幸运，能够跟随几位前辈学习，打下坚实的基础，并受益至今。

学画之法，在于“勤、观、思”。“勤”自是指勤奋苦练，“观”和“思”其实是分不开的，意思是要经常看名家作品，然后多加揣摩。如果看图只是走马观花，那最终只能空叹“画得真好”，自己却始终不能企及。笔者曾经也有感叹“画得真好”的时候，学画十余载，至今看到名家作品，仍有这种“画得真好”的感觉，但是比起当年，见识和技法已不可同日而语。笔者相信再练十年，技法会更加精进，也希望能够青出于蓝，不让前辈失望。

青出于蓝，是后辈学子的义务和责任。希望这本书能够为有志于“青出于蓝”的学子，效以微劳。饮水思源，前辈教导我们之时，一丝不苟，今我等传技于后人，自不敢藏私，唯恐不能将所学倾囊相授。

《30天必会建筑手绘快速表现》等卓越手绘系列书籍，从2013年出版以来，帮助了很多手绘学子。如今重新编辑，笔者将书中的大部分作品进行了更新。随着时代发展、社会变化，手绘之于设计始终地位超然。笔者也在十余年的教学中，总结出了更多、更好、更实用的手绘学习经验。可以说这套书融入了卓越手绘十二年的教学精华，如果认真学习一定能有所收益。

2020年9月

杜健 吕律谱

目录 Contents

手绘基础

一、工具
二、姿势
三、线条
四、透视

一、工具

铅笔：最好选用自动铅笔，铅芯要选择2B的铅芯，否则纸上会有划痕。

针管笔：通常选用一次性针管笔，管径大小选择0.1 mm或者0.2 mm即可。推荐使用设计家草图大师针管笔，出水流畅顺滑，耐用性好。切记不可选用水性笔、圆珠笔。

钢笔：可选择红环或者百乐的美工钢笔，适于绘制硬朗的线条。

草图笔：可选择派通的草图笔，粗细可控，非常适合画草图。

马克笔：推荐使用卓越手绘自主研发的设计家马克笔，所有颜色均根据作者十余年教学经验配制而成；双宽头，墨量大，是市场上性价比较高的一款马克笔。

彩色铅笔：初学者可以选用卓越手绘自主研发的设计家彩色铅笔，去除了大多数彩色铅笔的无用色，精选24色可以满足手绘需求。施德楼的60色彩色铅笔也非常不错。

自动铅笔

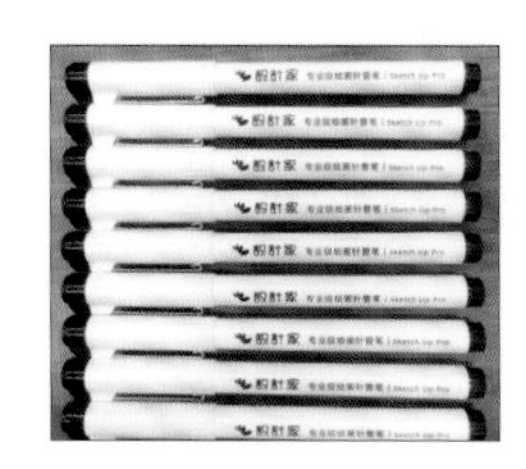

针管笔

钢笔

草图笔

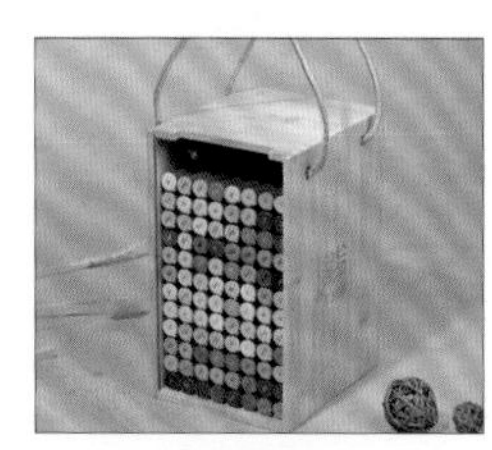

马克笔

彩色铅笔

高光笔：选择设计家高光笔，覆盖力强。

修正液：可以选择日本三菱牌。

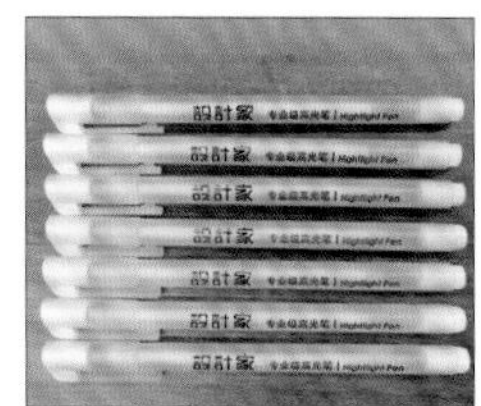

高光笔

修正液

二、姿势

握笔的姿势通常需要注意三个要点：①笔尽量与纸面相平，这样线条容易控制，也更易用力；②笔尖与绘制的线条要尽量成直角，但并非硬性要求，尽量做到即可，这也是为了更好地用力；③手腕不可以活动，要靠移动手臂来画线，画横线的时候运用手肘来移动，画竖线的时候运用肩部来移动，短竖线可以运用手指来移动。

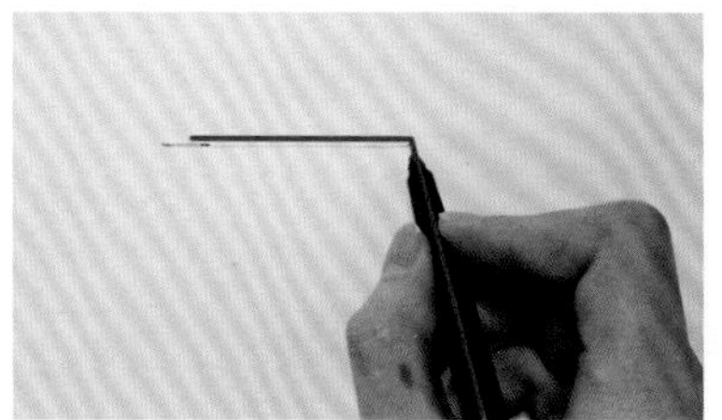

三、线条

直线：直线是应用最多的表达方式。直线分快线和慢线两种。慢线比较容易掌握，但是缺少技术含量，已经逐渐退出快速表现的舞台。如果构图、透视、比例等关系处理得当，运用慢线也可以画出很好的效果。国内有很多名家用慢线来画图。快线比慢线更具冲击感，画出来的图更加清晰、硬朗，富有生命力和灵动性。缺点是较难把握，需要大量的练习和不懈的努力才能练好。

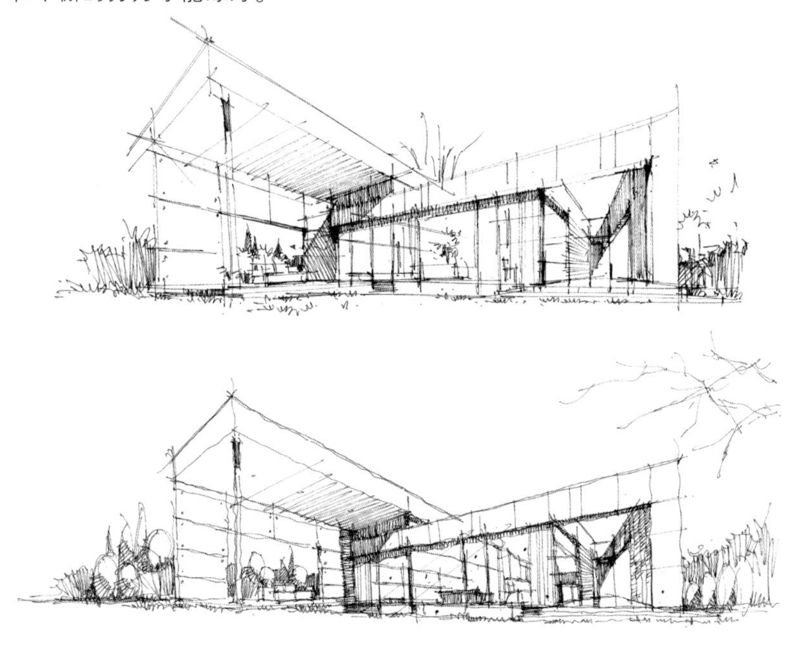

画快线的时候，要有起笔和收笔。起笔的时候，把力量积攒起来，同时在运笔之前想好线条的角度和长度。当线画出去的时候，就如箭离弦，果断、有力地击中目标，最后的收笔，就相当于这个目标。在收笔时也可以把线“甩”出去，这属于比较高级的技法，到了一定程度可自行掌握。注意，起笔可大可小，根据每个人的习惯而定。

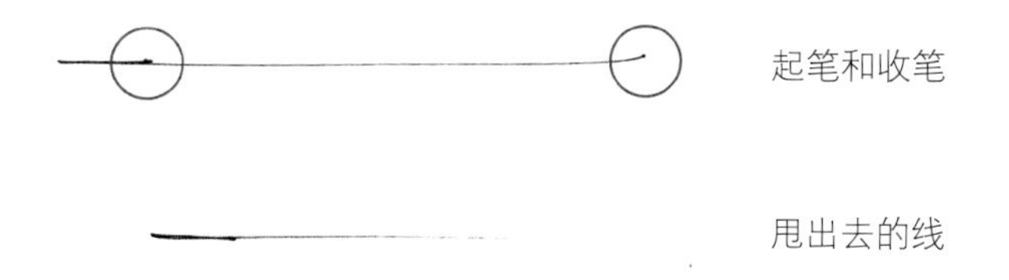

起笔和收笔

甩出去的线

由于运笔的方式不同，竖线通常比横线难画。为了确保竖线较直，较长的竖线可以选择分段式处理，第一段竖线可以参照图纸的边缘进行绘制，以确保整条线处于竖直状态。注意：分段的地方一定要留空隙，不可以将线接在一起。竖线也可以适当采取慢线的形式或者抖动来画。

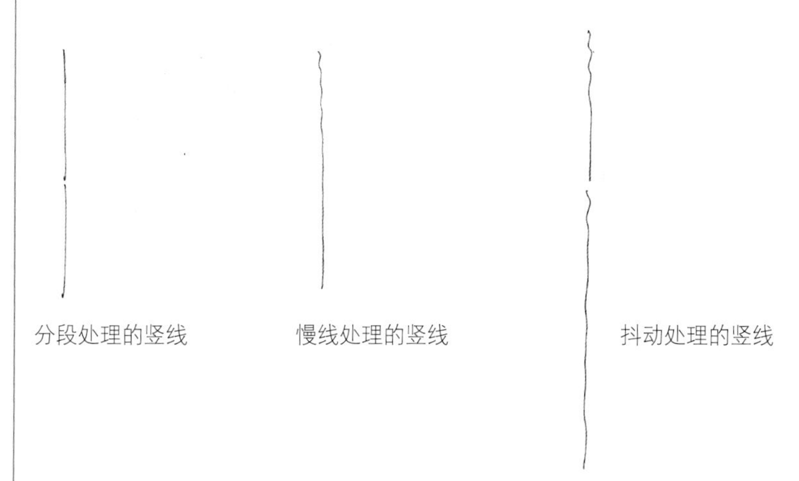

分段处理的竖线　慢线处理的竖线　抖动处理的竖线

直线起笔的位置：直线起笔的位置要尽量在另一条线上或者两条线的交点上。错误的起笔方式和正确的起笔方式如下图所示。

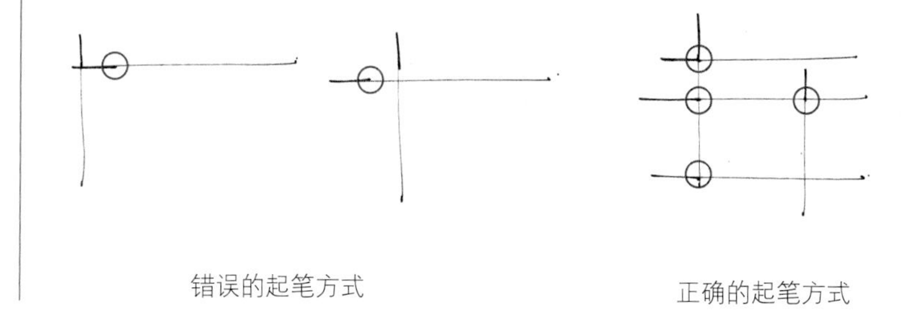

错误的起笔方式　正确的起笔方式

曲线：应根据画面情况来画曲线。在绘制初稿、中稿时可以用快线的方式；在绘制细致的图时，为了避免画歪、画斜而影响整体效果，可以用慢线的方式。

乱线：乱线一般在塑造植物、表面纹理时用到。

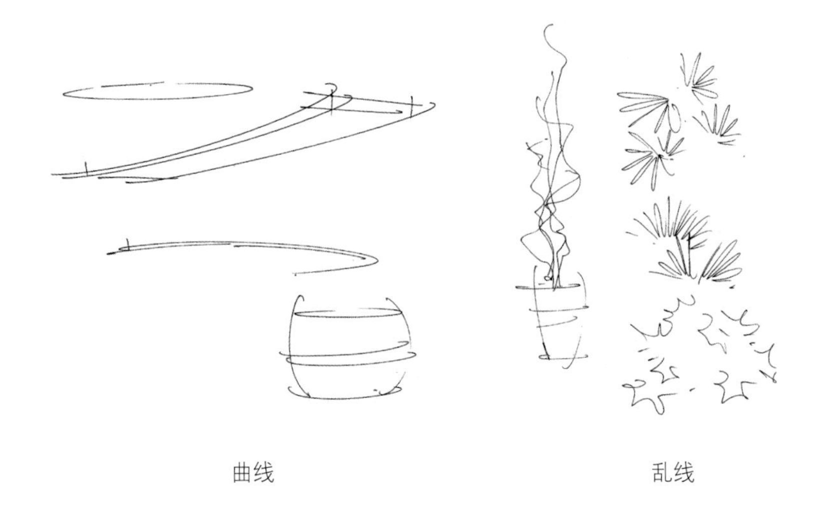

曲线　　乱线

四、透视

透视：透视是绘图的重要部分。手绘表现是为了表达设计师最直观、最纯粹的设计想法。对于快速表现来说，透视不需要非常准确。因为无论透视（包括尺规画图）有多准确，也不可能比电脑软件更准确。那么，透视是不是随便练一下就行了呢？答案是绝对不行。这里所说的透视不需要非常准确，是担心有些同学过于纠结透视的准确性，而忽略了对手绘最重要的感觉。但是，透视绝对不能错。如果一张图的透视出错，那么无论线条如何美丽，色彩多么绚丽，都是一幅失败的作品。如果说线条是一张画的皮肤，色彩是一张画的衣服，透视则一定是这张画的骨骼。

透视的三大要素：近大远小、近明远暗、近实远虚。

绘制线稿主要是运用近大远小这个要素。

一点透视：又叫“平行透视”。一点透视的特点是简单、规整，表达画面更全面。

在画一点透视时，须记住一点，那就是一点透视的所有横线应水平，竖线应竖直。所有透视的斜线都相交于一个灭点。方体的两根竖线一样长，但是在透视图中，离观察者较近的一根很长，离观察者较远的一根则很短。同理，其他的竖线在现实生活中也都一样长，只不过它们在透视图中会越来越短，最后消失于一个点，这个点叫作“灭点”，又叫作“消失点”。正是因为近大远小的透视关系，人们才能够在一张二维的纸面上塑造三维的空间和物体。

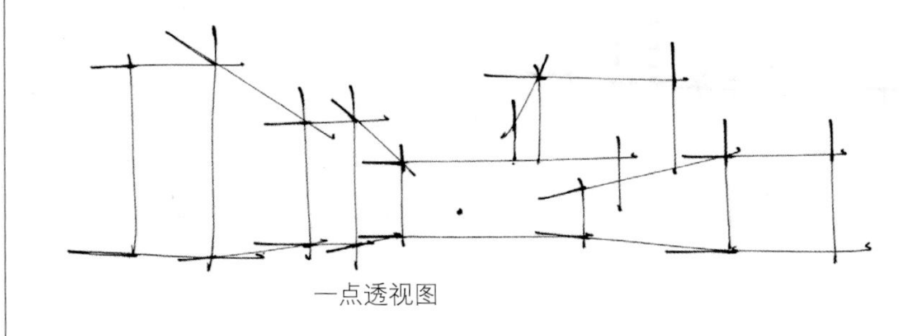

一点透视图

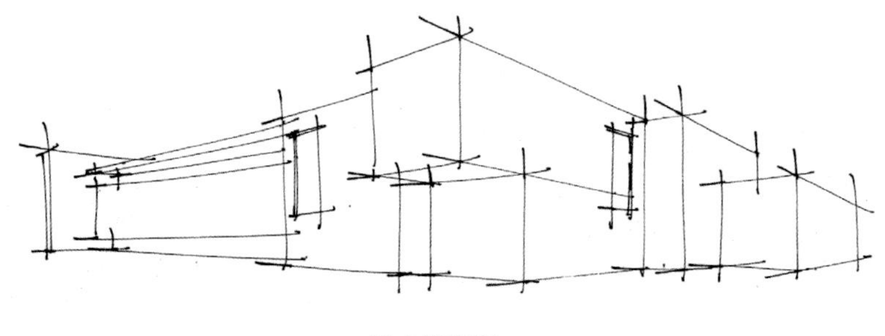

两点透视图

练习时注意三点：①绘制线条要按照前面所讲的画线方法，画不好没关系，多练习肯定能画好；②透视，只要严格瞄准消失点绘制，就一定不会错；③形体比例，多练习方体透视可以将16个方体尽可能整齐地排列，从而提高对形体的掌握能力。

两点透视：两点透视是常用的透视方法，其特点是非常符合人们看物体的正常视角，所以画面也让人感觉最舒服。两点透视的难度远远大于一点透视，因此容易出错。想要画好两点透视，一定不要急躁，慢慢地去体会每条线的消失点。如果画出来的方体透视都有问题，那么练习再多也没有意义。

注意，两点透视的两个消失点一定是在同一条视平线上。

在建筑两点透视图中，常用视点很低的角度。因为人们相对于建筑而言很小，所以当人们通过正常视角来看建筑的时候，大概的视点也是如此。画建筑时要注意高度、长度和宽度的比例，建筑的高度通常是一个常数，在高度一定的情况下，可以根据高度来确定长度和宽带。

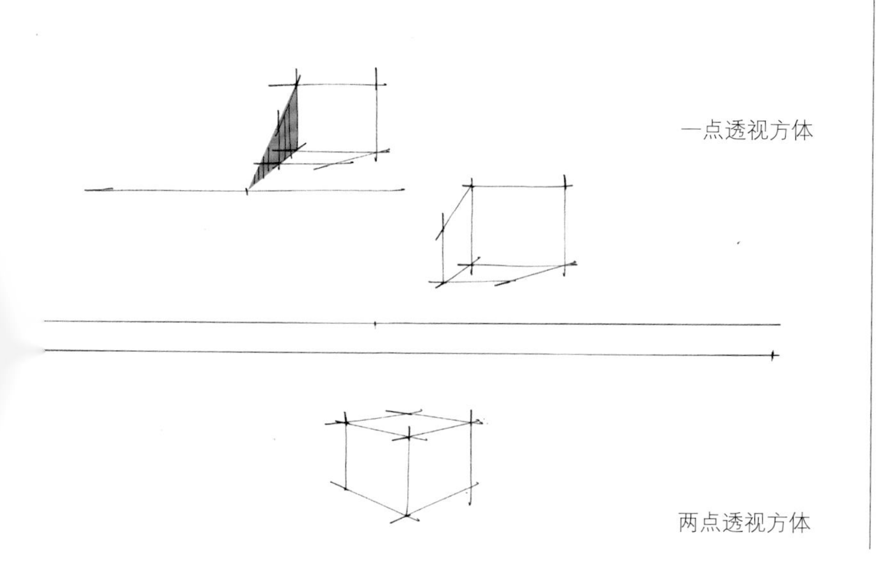

一点透视方体

两点透视方体

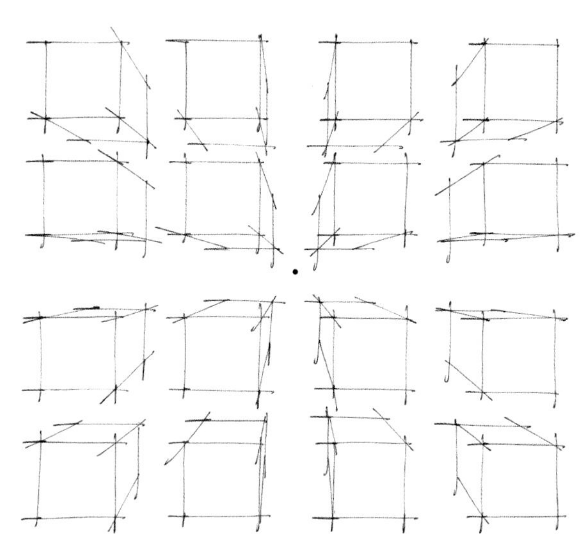

一点透视练习图

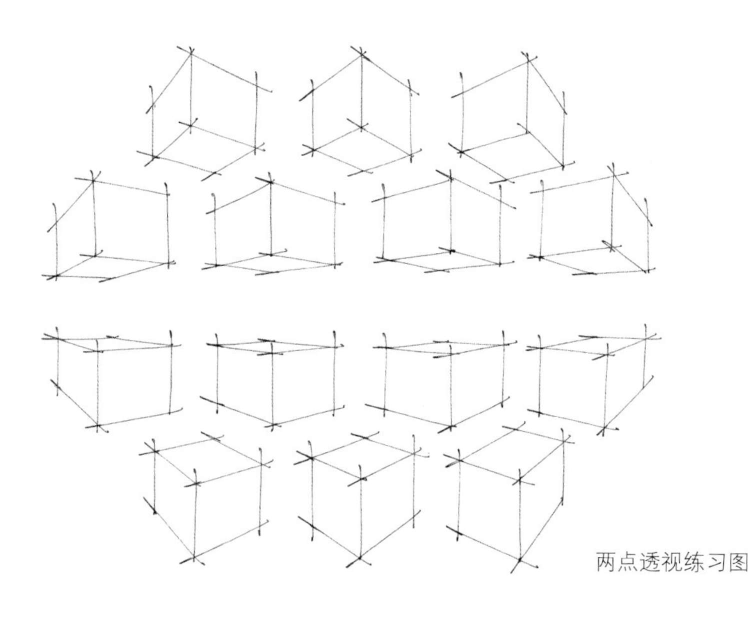

两点透视练习图

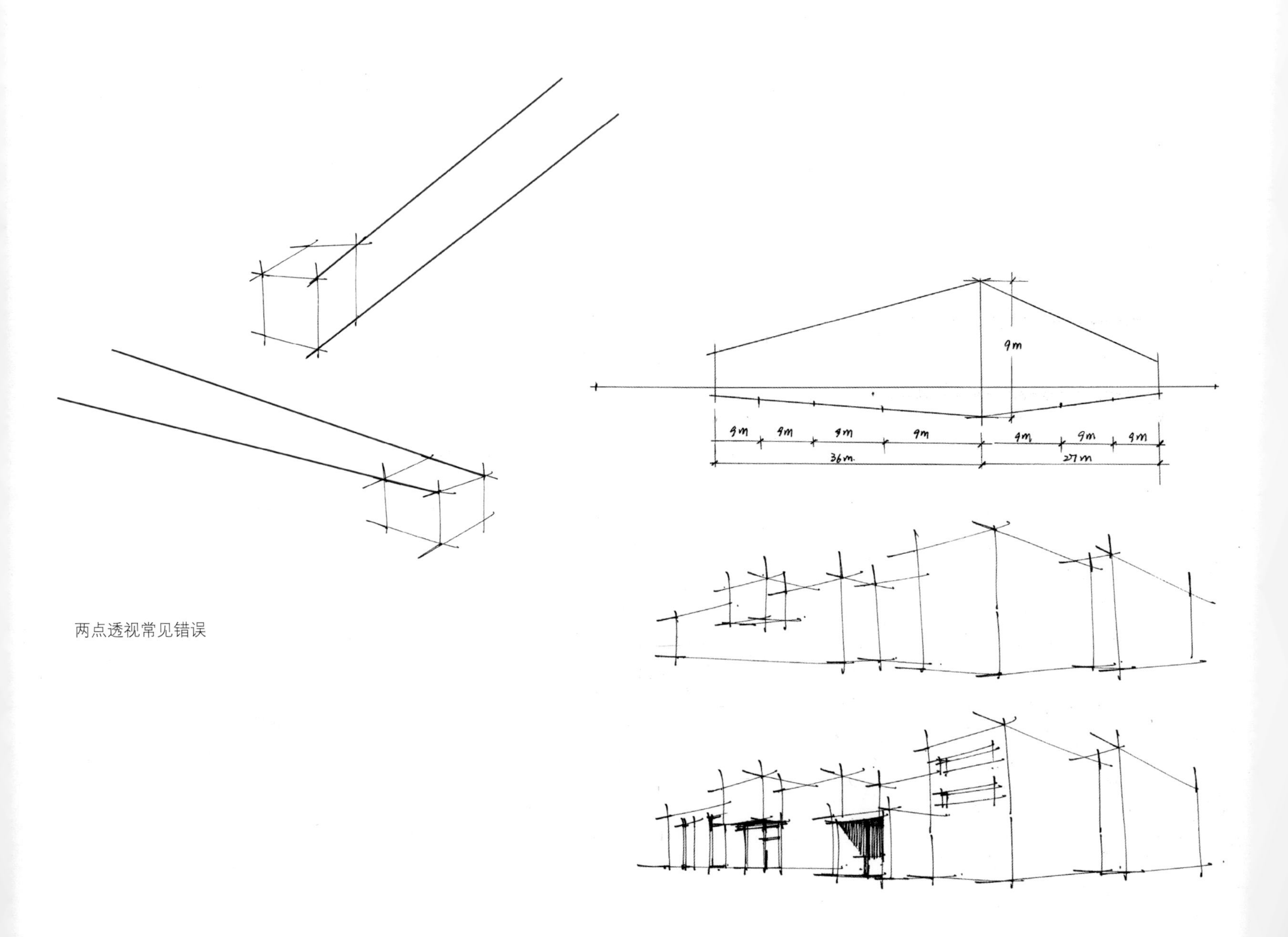

两点透视常见错误

两点透视图

单体画法

一、门窗的画法
二、植物的画法
三、材质的画法
四、建筑线稿的画法

一、门窗的画法

门窗是建筑立面上的重要组成部分，建筑门窗会直接影响建筑的整体效果。在画门窗时，需要将门框及窗框尽量画得窄一些，然后添加厚度，这样才不会显得单薄，有立体感。一般凹进去的门窗，雨搭或者上沿部分会有投影，应注意刻画。

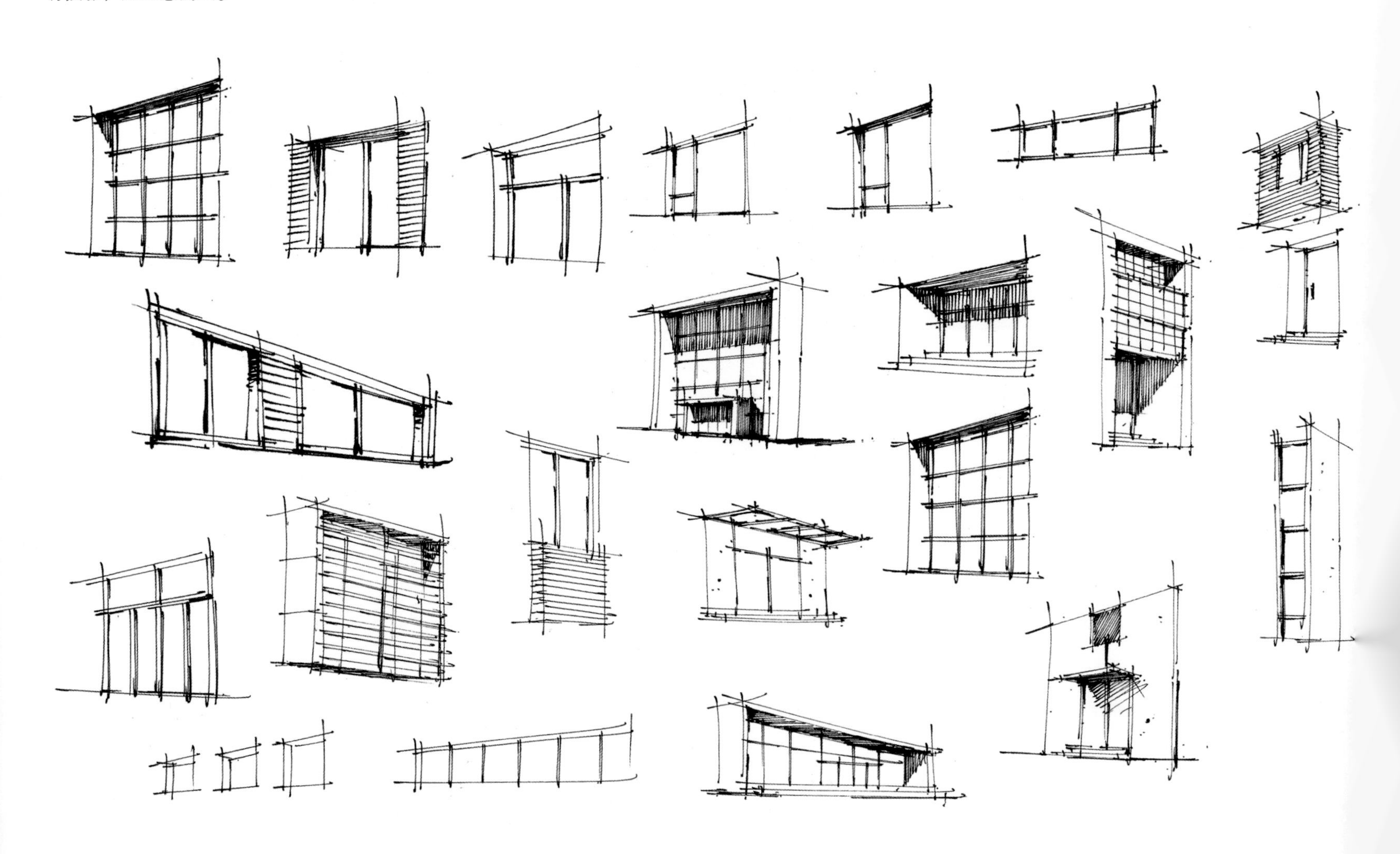

门窗的单体画法

二、植物的画法

植物形态复杂，我们不可能把所有树叶和枝干都非常写实地刻画出来。在塑造时要学会概括，用抖线的方法把树叶的外形画出来。注意：植物的形态不要塑造得太僵硬，在画的时候也要很自然。

在练习绘制基础植物时，我们可以把所有的植物都看作一个球体，这样更便于理解植物的基本体块关系。

乔木：树冠的抖线练习非常重要，多加练习才能处理出自然、生动的植物效果。

重点：在练习抖线时应注意抖线的流畅性以及植物形态的变化性，不宜抖得太慢，太慢会比较死板。

树干的画法：处理枝干时应注意线条不要太直，要用比较流畅自然的线条，也要注意枝干分枝位置的处理，要处理出分枝处的鼓点。

植物的单体画法（一）

灌木：灌木的画法与乔木基本相同，但抖线应适当软化。灌木以小叶片为主，处理灌木时要注意灌木的形态，要将植物处理得更加茂盛和饱满。绿化带画法应保持一致，注意留出高度，与地面草地加以区分。

重点：叶片应尽量圆润饱满，应注意枝干与树冠之间的衔接；暗部与灰部的过渡处理不要过于杂乱，应保证整体饱满的姿态。

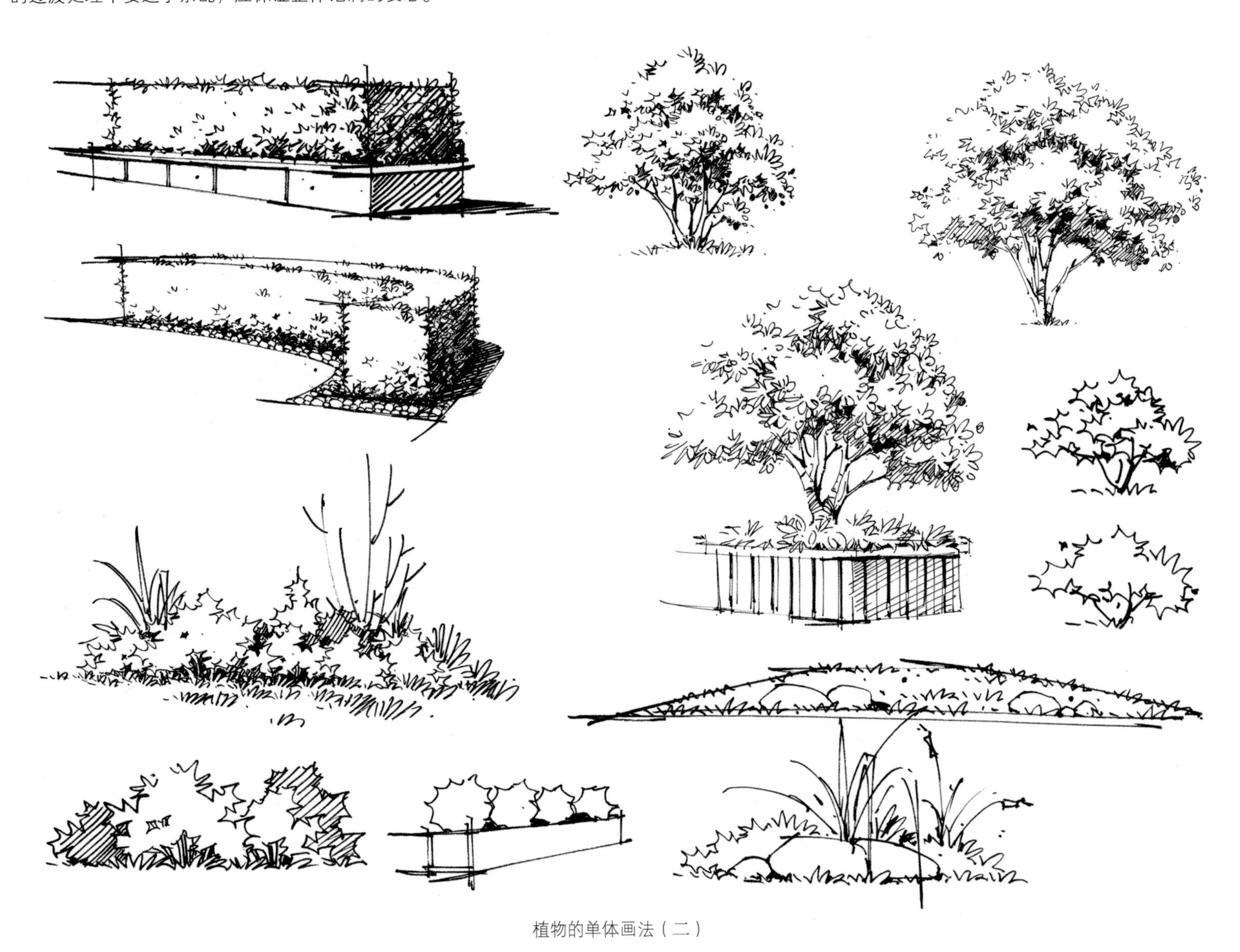

植物的单体画法（二）

椰子树：椰子树是一种常见的热带植物，因形式感强烈常作为主景区的植物搭配。与前两类植物不同，椰子树的形态以及叶片树干都比较特别，应把植物张扬的形态处理好，注意叶片从根部到尖部、从大到小的渐变处理以及叶片与叶脉之间的距离和流畅性。树干以横向纹理为主，从上到下逐渐虚化 。

重点：注意叶片要由大到小连续绘制而成，上部树干为暗部，向下逐渐虚化。

棕榈树：棕榈树相对于椰子树而言比较复杂，要把多层次的叶片以及暗部分组处理，树冠左右要处理协调。

植物的单体画法（三）

三、材质的画法

除了门窗，材质也是建筑立面的重点表达对象。材质的表现对上色的要求较高。在绘制线稿时画出材质大概的纹理即可。

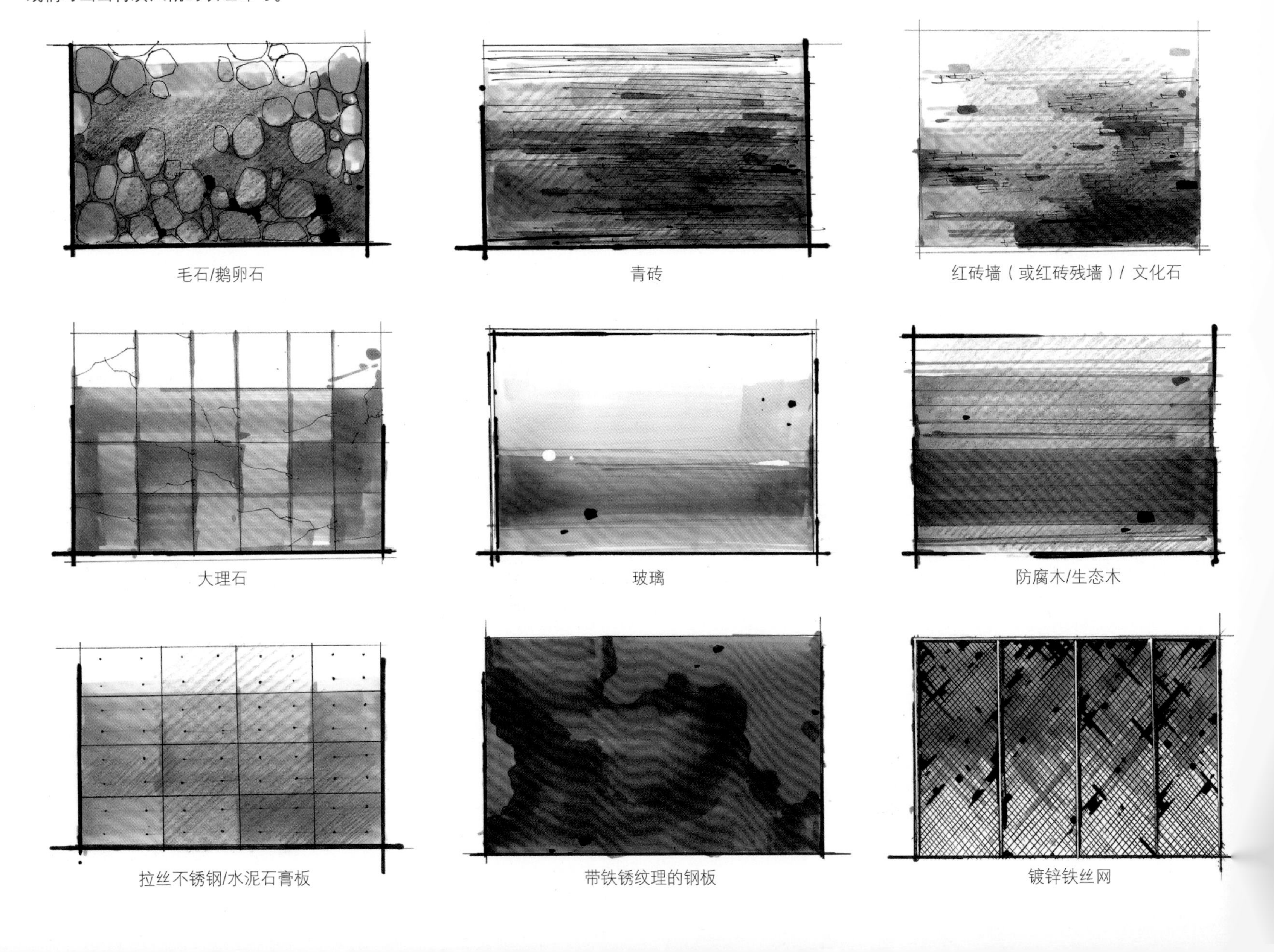

毛石/鹅卵石　青砖　红砖墙（或红砖残墙）/ 文化石

大理石　玻璃　防腐木/生态木

拉丝不锈钢/水泥石膏板　带铁锈纹理的钢板　镀锌铁丝网

四、建筑线稿的画法

建筑线稿是介于建筑草图和建筑效果图之间的一种表现形式。对于建筑师而言，建筑线稿十分重要，其作用甚至大于建筑草图和建筑效果图。建筑线稿的结构要比草图画得更清楚，但是手绘所表达的主旨不是结构，而是效果。所以同学们也无须过多地纠结建筑结构的细节。建筑线稿对于线条的要求很高，同样一个建筑，两个人画出的线稿会有很大的差别，对最终呈现的效果影响也很大。

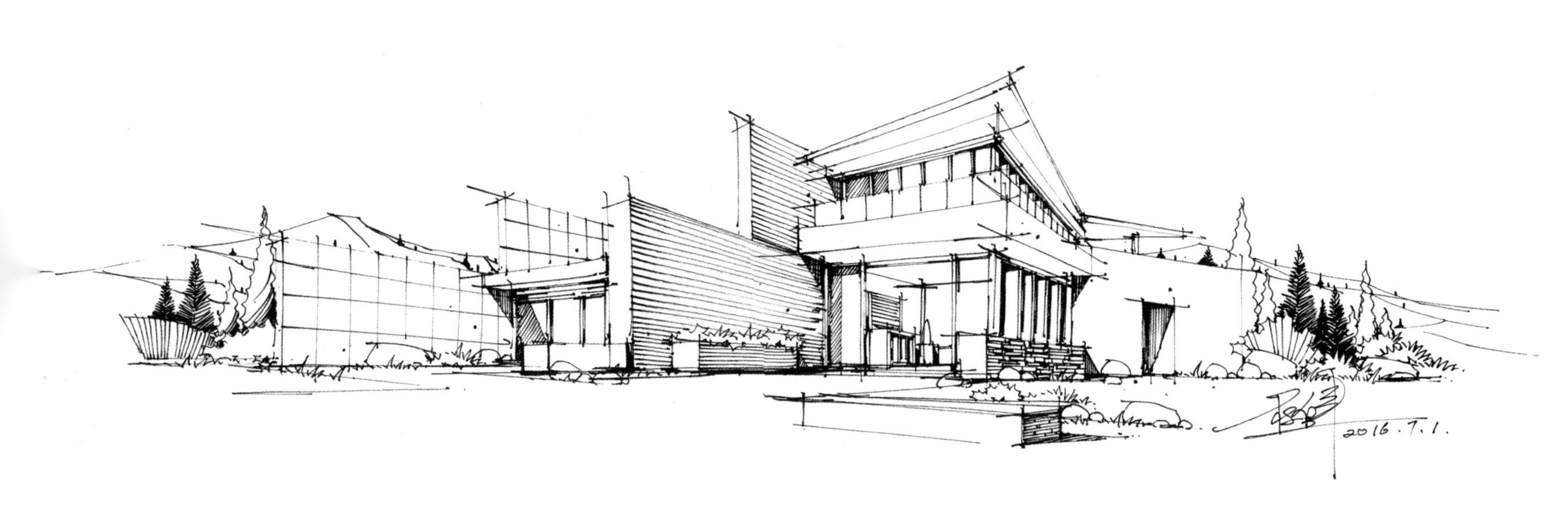

2016

2014.4.26

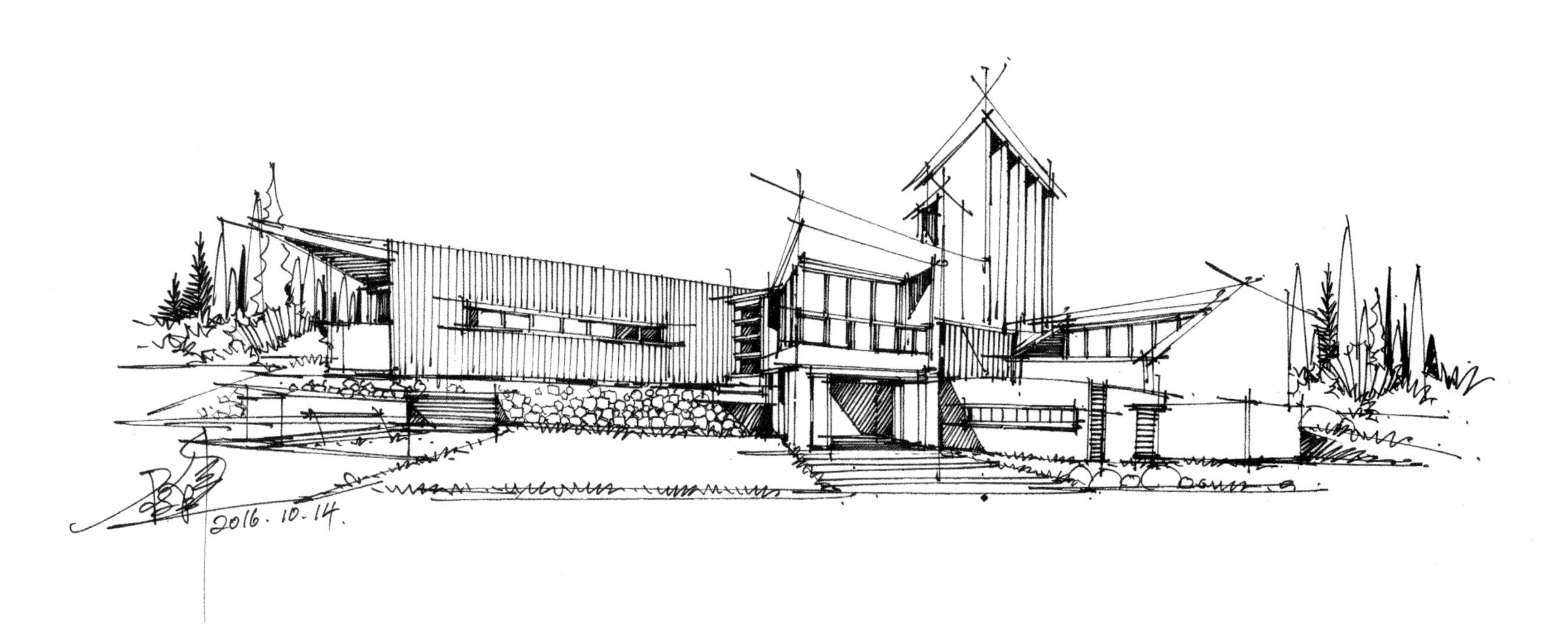
2016. 10. 14.

2016. 3. 23.

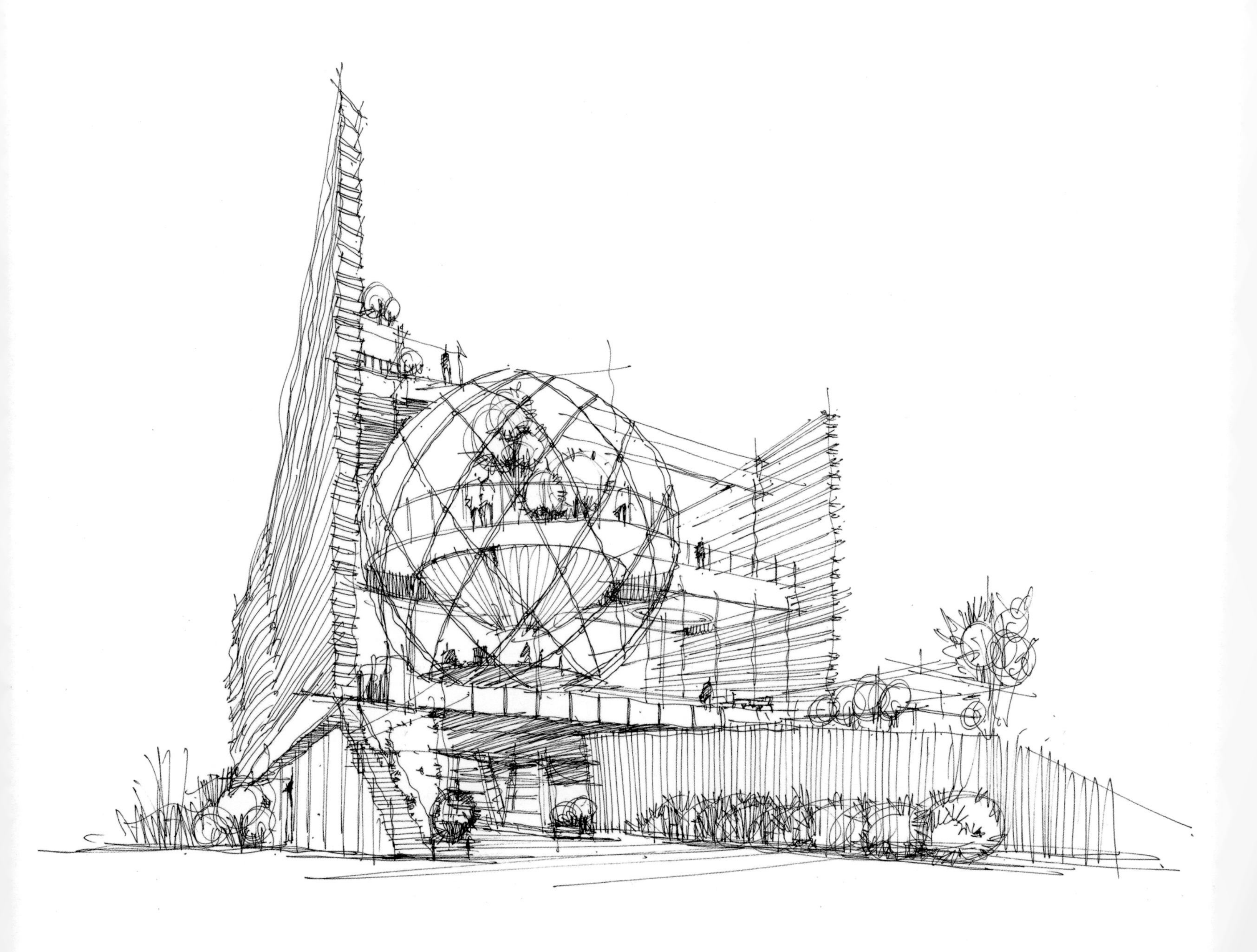

马克笔单体上色的方法

一、马克笔上色技法
二、单体上色
三、简单建筑单体的上色

一、马克笔上色技法

马克笔是手绘表现最主流的上色工具。它的特点是色彩干净、明快，对比效果突出，绘图时间短，易于练习和掌握。希望同学们能够着眼于马克笔的优点，而不是把它当作一种纯艺术的绘画工具。因为单就艺术性而言，它是无法跟水彩等表现技法相比的。马克笔上色时，不必追求柔和的过渡，也不必追求所谓的“高级灰”，而是用已有的色彩，快速地表达出设计意图即可。

马克笔上色讲究快、准、稳三个要点。这与画线条的要点相似，不同的是马克笔上色不需要起笔、运笔，只需要在想好之后直接画出来，从落笔到抬笔，不能有丝毫的犹豫和停顿。

马克笔具有叠加性，即便是同一支笔，在叠加后也能出现两到三种颜色，但是叠加的次数通常不会超过2次。在同一个地方，尽量不要用同一支马克笔叠加3层颜色，否则画面会很腻、很脏。叠加4次是极限。

马克笔的品牌有很多，我们推荐使用卓越手绘自主研发的设计家马克笔。马克笔最重要的特点是，颜色的透明度很高，不同色系的马克笔几乎不能够叠加使用。一支马克笔一种颜色，颜色的适用程度是选择马克笔所要考虑的重要因素。设计家马克笔的颜色全部根据笔者十余年的手绘教学经验配制而成。全套100色几乎可以满足所有设计师的手绘需求。

马克笔初级技法

平移：最常用的马克笔技法。下笔的时候，要把笔头完全压在纸面上，快速、果断地画出线条。抬笔的时候也不要犹豫，不要长时间停留在纸面上，否则纸面上会出现积墨。

线：跟用针管笔画线的感觉相似，不需要起笔，线条要细。在用马克笔画线的时候，一定要很细，可以用宽笔头的笔尖来画（马克笔的细笔头基本没用）。马克笔的线一般用于过渡，每层颜色过渡用的线不要多，一两根即可。多了就会显得很乱，过犹不及。

点：马克笔的点主要用来处理一些特殊的物体，如植物、草地等；也可以用于过渡（与线的作用相同），活跃画面气氛。在画点的时候，注意将笔头完全贴于纸面。

马克笔高级技法

扫笔：扫笔是指在运笔的同时，快速地抬起笔，使笔触留下一条“尾巴”，多用于处理画面边缘或需要柔和过渡的地方。扫笔技法适用于浅颜色，重色扫笔时尾部很难衔接。

斜推：斜推的技法用于处理菱形的部位，可以通过调整笔头的斜度处理不同的宽度和斜度。

蹭笔：蹭笔指用马克笔快速地来回蹭出一个面。这样画的部位质感过渡更柔和、更干净。

加重：一般用120号（黑色）马克笔来加重。加重的主要作用是增加画面层次，使形体更加清晰。加重的部位通常为阴影处、物体暗部、交界线暗部、倒影处、特殊材质（玻璃、镜面等光滑材质）。需要注意的是，加黑色的时候要慎重，有时候要少量加，否则会使画面色彩太重且无法修改。

提白：提白工具有修正液和高光笔两种。修正液用于较大面积提白，高光笔用于细节部位的精准提白。提白的位置一般用在受光最多、最亮的部位，如光滑材质、水体、灯光、明暗交界线的亮部结构处。如果画面很闷，可以在合适的部位使用提白技法。但是提白技法不要使用太多，否则画面会看起来很脏。注意，使用高光笔提白要在使用彩色铅笔上色之前，修正液则不用。用修正液的时候，尽量使其饱满一些。

设计家马克笔全色系色卡

W1	C1	ER1	EY1	Y1	G1	B1
W2	C2	ER2	EY2	Y2	G2	B3
W3	C3	ER3	EY3	Y3	G3	B4
W4	C4	ER4	EY4	Y4	G4	B5
W5	C5	ER5	EY7	Y5	G5	B7
W7	C6	ER7	EY102	Y6	G6	B8
W101	C7	ER8		Y101	G7	B101
W102	C101	ER102	R1	Y102	G101	B102
W103	C103	ER103	R2	Y104	G103	B104
W105	C105	ER105	R3	Y106	G104	B105
	C107		R4		G107	B107
	C201		R5	666	G204	B109
	C202		R6		G205	
	C203		R103		G206	
	C204		R105	V1	G302	
	C301		R107	V2	G303	
	C302			V3	G305	
	C303			V4	G307	
					GY1	
					GY2	

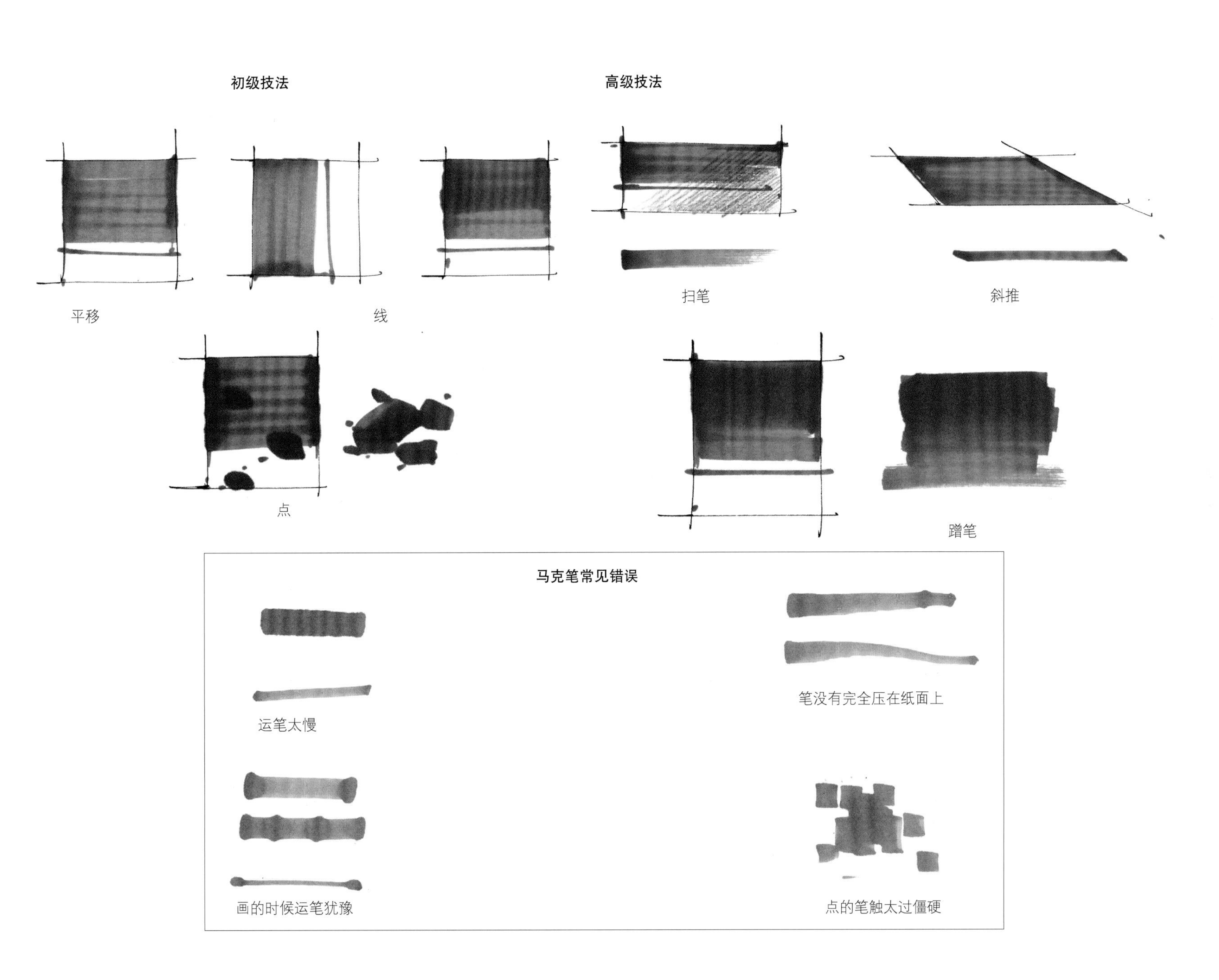
初级技法
高级技法
平移
线
扫笔
斜推
点
蹭笔
马克笔常见错误
运笔太慢
笔没有完全压在纸面上
画的时候运笔犹豫
点的笔触太过僵硬

二、单体上色

门窗上色：玻璃通常用蓝色来刻画，分别用B3、B4、B102、B109等颜色。如何绘制出玻璃光滑的质感是画玻璃的重点。光滑材质需要用很强烈的对比来塑造。例如，最暗的部位会直接使用黑色，最亮的部位会直接留白，或者使用提白笔提亮。现代建筑应用玻璃材质的地方很多，因此，我们应该在玻璃材质的绘制上多下功夫。

基础植物上色：用简单的绿色来塑造，分别用GY1、G1、G3、G5四个颜色来画。第一层，GY1或G1用得最多，大面积平铺时应注意运笔的速度。第二层，G3用得较多，应注意运笔技巧。G5颜色较深，要慎重使用。马克笔的精髓在于深颜色的用法。深颜色不要太大面积使用。只要掌握好用法与用量，深颜色就能成为整个画面出效果的地方，但应注意点的虚实变化。

灌木上色：注意灌木体积形态的表现。不同的植物有不同的底色，但一些基本植物都可以用GY1或G1。与乔木一样，第二层用G3处理灰部，最后用G5处理暗部和阴影。注意植物暗部与亮部的结合，点的笔触非常重要，合理地利用点的笔触，画面的效果会非常自然、生动。

椰子树上色：椰子树上色与上述植物单体上色不同，从浅入深都要跟随结构处理，注意根据叶片的形态完成笔触的塑造，更要注意后方叶片的冷色以及近暖远寒的色彩关系。

水体上色：水体上色时要注意水纹及水面倒影的塑造，但要避免过多的笔触把水体画脏，可以适当加一点环境色。跌水也是如此，要注意刻画水向下流的速度感，可以使用扫笔技法。

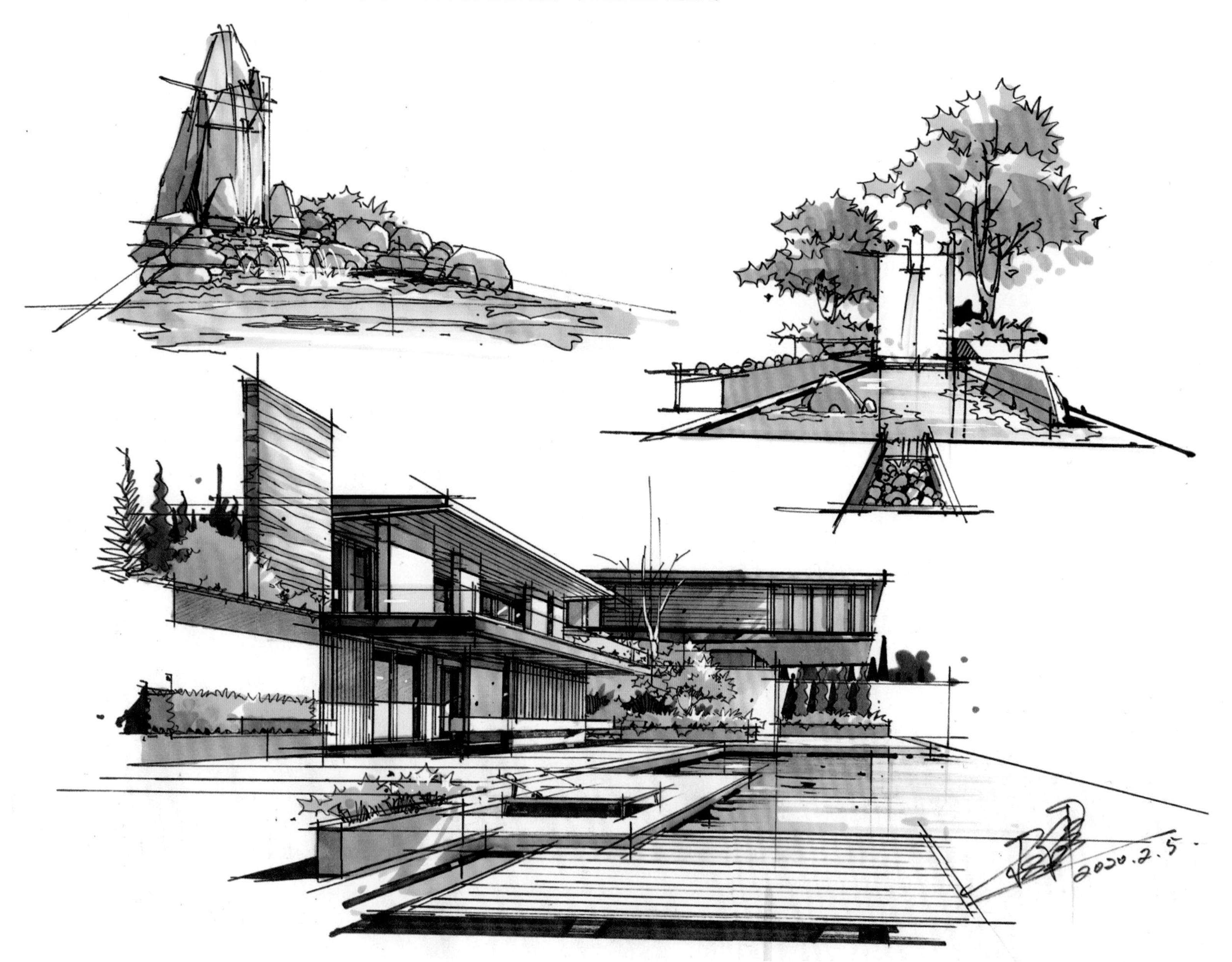

三、简单建筑单体的上色

以下几个建筑形体简单，比较常用，适合考研的同学练习。

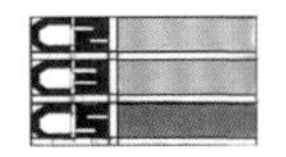

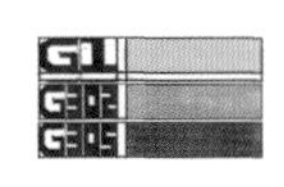

B4
B102

2018.8.10

马克笔效果图上色详解

一、现代新农村建筑画法

本案例可作为第一张整张效果图练习。在注意透视关系的同时，还要注意建筑的角度和比例关系。在定铅笔线稿的时候，可以先确定画面中主要物体的透视关系，但是不要定得太死，毕竟手绘是一种感性的表现方式，需要表达作者本身的想法和感觉。画图的时候，视点要尽量压低，这种视角是画建筑最常用的角度，也便于交代建筑的形体。

扫码看视频

第一步，画好线稿之后，开始整体铺色。确定建筑的大体颜色，将建筑的顶、墙、木材、玻璃加以区分。第一层颜色在笔触方面比较简单，以平涂为主。

第二步，进一步刻画建筑的第二层颜色。在第二层颜色上色的时候，对于笔触的要求更高。前方石头上的光影，要用快速的笔法去塑造。

第三步，给远处的山上色，用周围植物烘托整体的画面氛围。

第四步，细致刻画（如冷暖对比，对画面中心建筑的细节处理），增加色彩。对建筑亮部添加高光，对主体建筑进行提白，提白会让画面更为清晰明亮。提白的位置一般选择受光最多和最亮的地方以及光滑材质表面等。有些明暗交界线部位可以适当添加一些高光，画面很闷的地方也可以添加一些。但是，高光不要用太多，否则画面会看起来很脏。

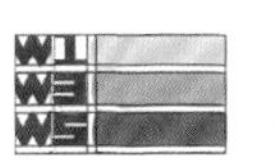

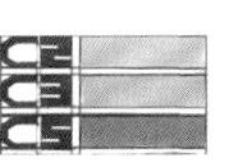

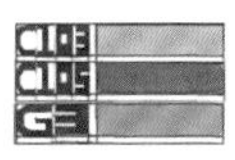

二、流水别墅画法

流水别墅是每一位建筑师都很熟悉的作品。流水别墅的经典之处在于建筑与周围环境的和谐。在绘制这张作品的时候，要在建筑与环境之间进行取舍和调和。两者在画面中所占的比例，会影响整张画面的效果。

扫码看视频

第一步，把建筑的暖以及流水和石头的冷表现出来。

第二步，进一步处理植物、水体、石头等。注意，石头自身也有冷暖对比，受光比较多的部位可以用暖色处理。接近水和背光的部分，可以用冷色处理。

第三步，完善植物和光影关系。

第四步，处理好每个部分的细节。这张图的绘制难度并不在于建筑，而在于对植物、石头和流水的表现。临摹的时候，可以先在白纸上将植物练习好，再对整张图进行绘制。

W3
W5
W7

C3
C5
C6
C103
C105

ER3

Y1
Y3
Y102

G1
G3
G5
G6
G302
G305
G107

B5
B102

三、现代建筑画法

这栋建筑绘制的难点在于整栋建筑为白色。在处理白色建筑时，需要大量的留白处理。

第一步，针对暗部进行铺色，同时定好木头材质的颜色，可以使用设计家马克笔ER1进行上色。

第二步，塑造草地和植物。草地上的光影是该步骤表现的重点。

第三步，进一步刻画植物和环境。

2015. 11. 1.

第四步，用马克笔和彩色铅笔画天空，画天空的时候注意天空与建筑的关系。绘制天空是为了更好地衬托建筑主体。最后，用高光笔在受光部位提亮，让画面具有视觉冲击力。

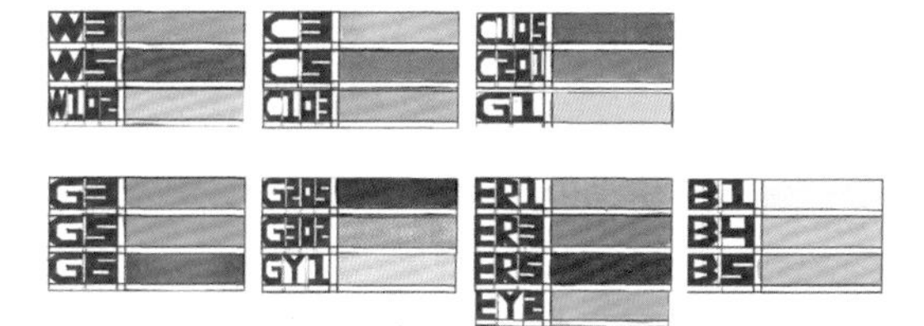

四、带有大面积玻璃的建筑画法

玻璃的画法通常有两种：一种是反光性很强的表现手法，另一种是比较通透的表现手法。
本案例选用了第二种表现手法，因此，透过玻璃能够看到的室内的物体也需要进行刻画。

第一步，大致地确定建筑的配色。玻璃是这张图表现的重点，可先用浅蓝色B3来铺色。石头由于受到玻璃等物体的反射，光影比较复杂，可以凭感觉添加一些色彩。

第二步，给周围的植物上色，并完善主体部分的细节。

第三步，画天空，对主体进行深化处理。添加高光，突出光感。提白要恰到好处。

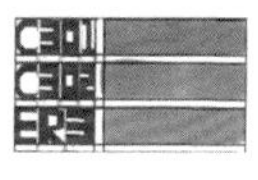

五、建筑群鸟瞰图画法

如果建筑体块比较多，画线稿时要着重处理建筑之间的比例关系、主次关系。通过光影的明暗处理来交代建筑之间的关系。弱化建筑周边的植物环境。如果画面中的直线较多，一定要集中精力仔细绘制，误画一条线可能会毁掉一张图。

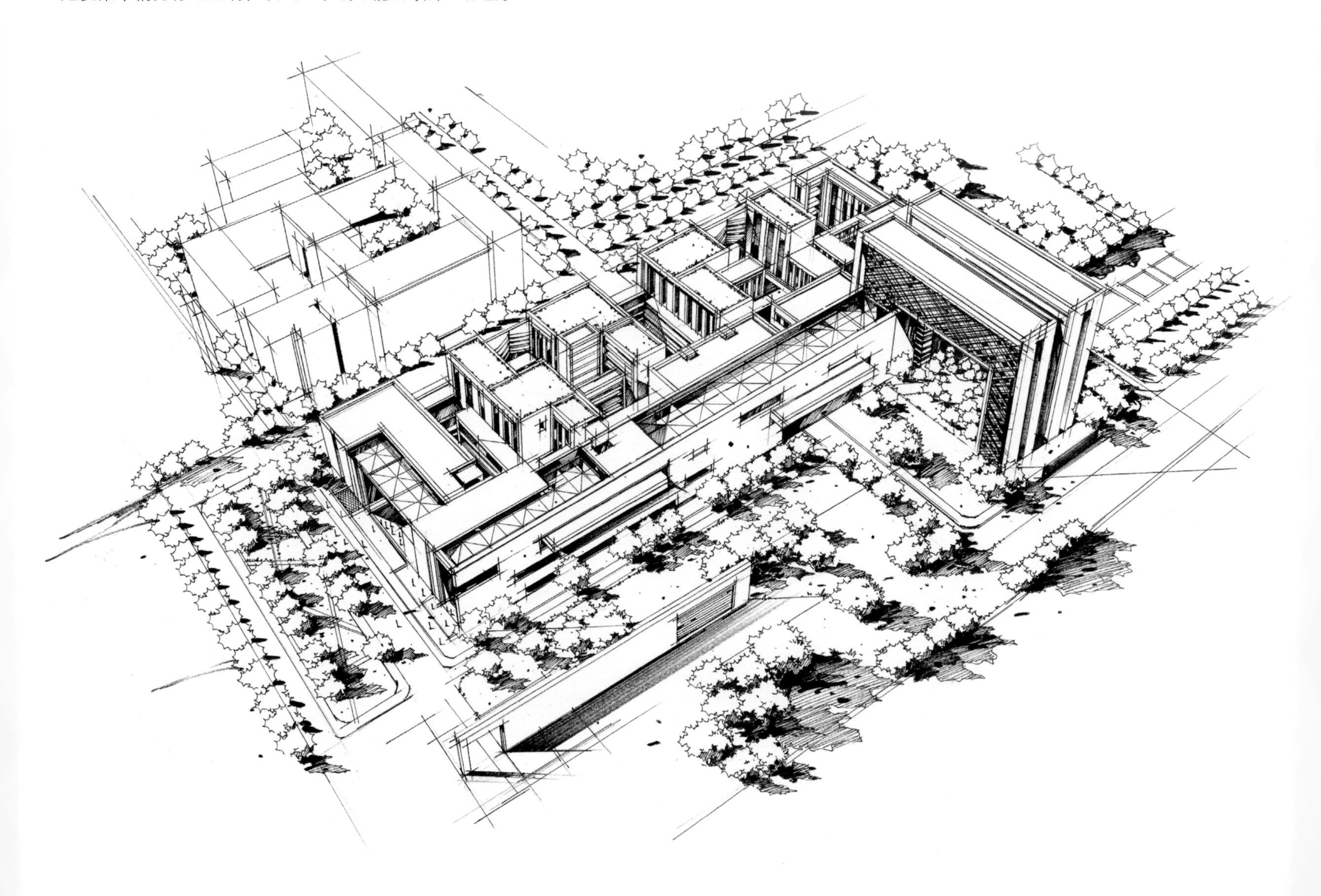

第一步，上第一层颜色，此时要严格考虑光源的方向，如此复杂的图，如果光源混乱，会降低画面质量。红色建筑可以选择设计家R4和R6进行上色。

扫码看视频

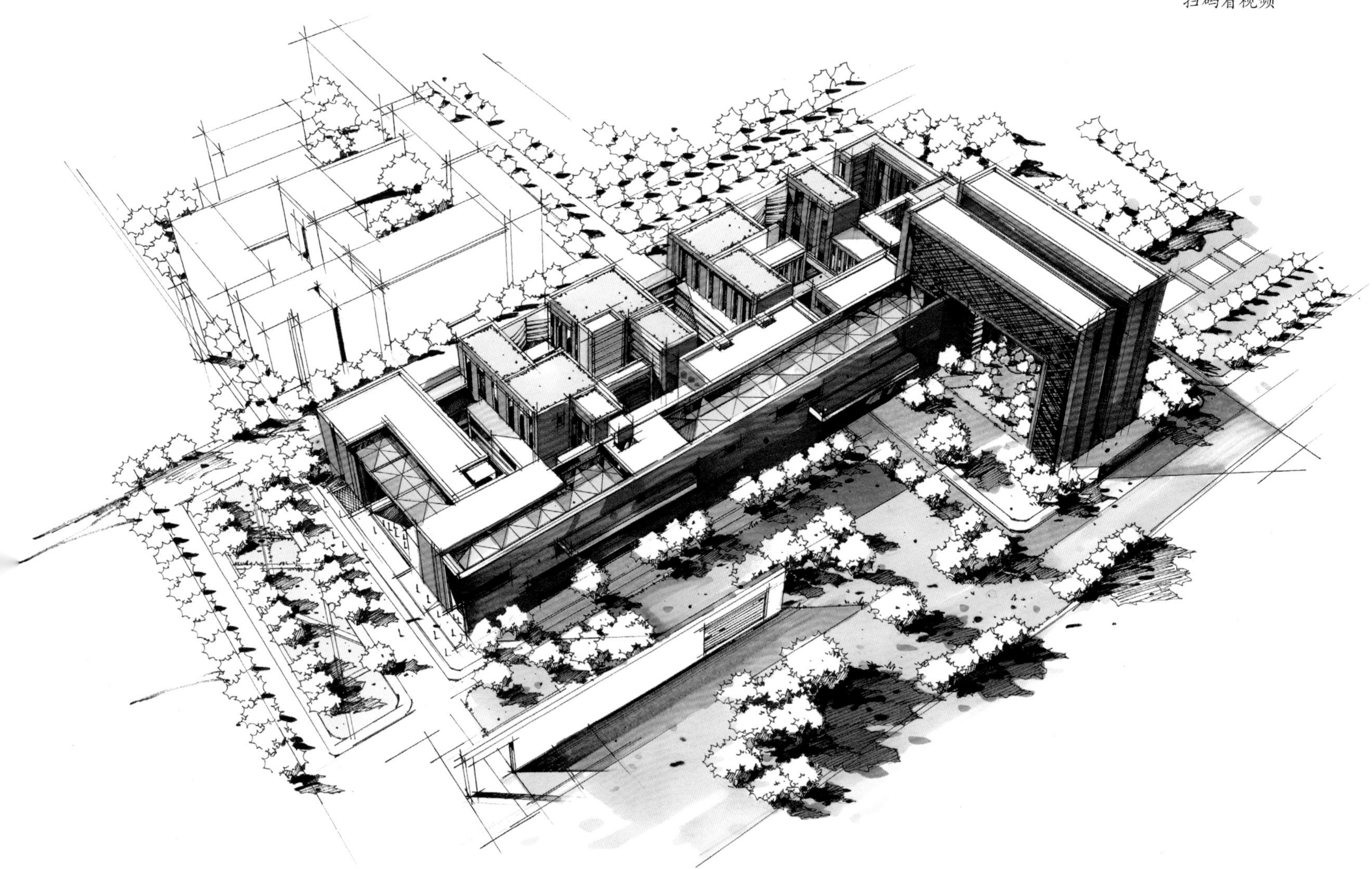

第二步，给植物上色。在这种鸟瞰图中，植物显得很小，笔触要更简单概括。

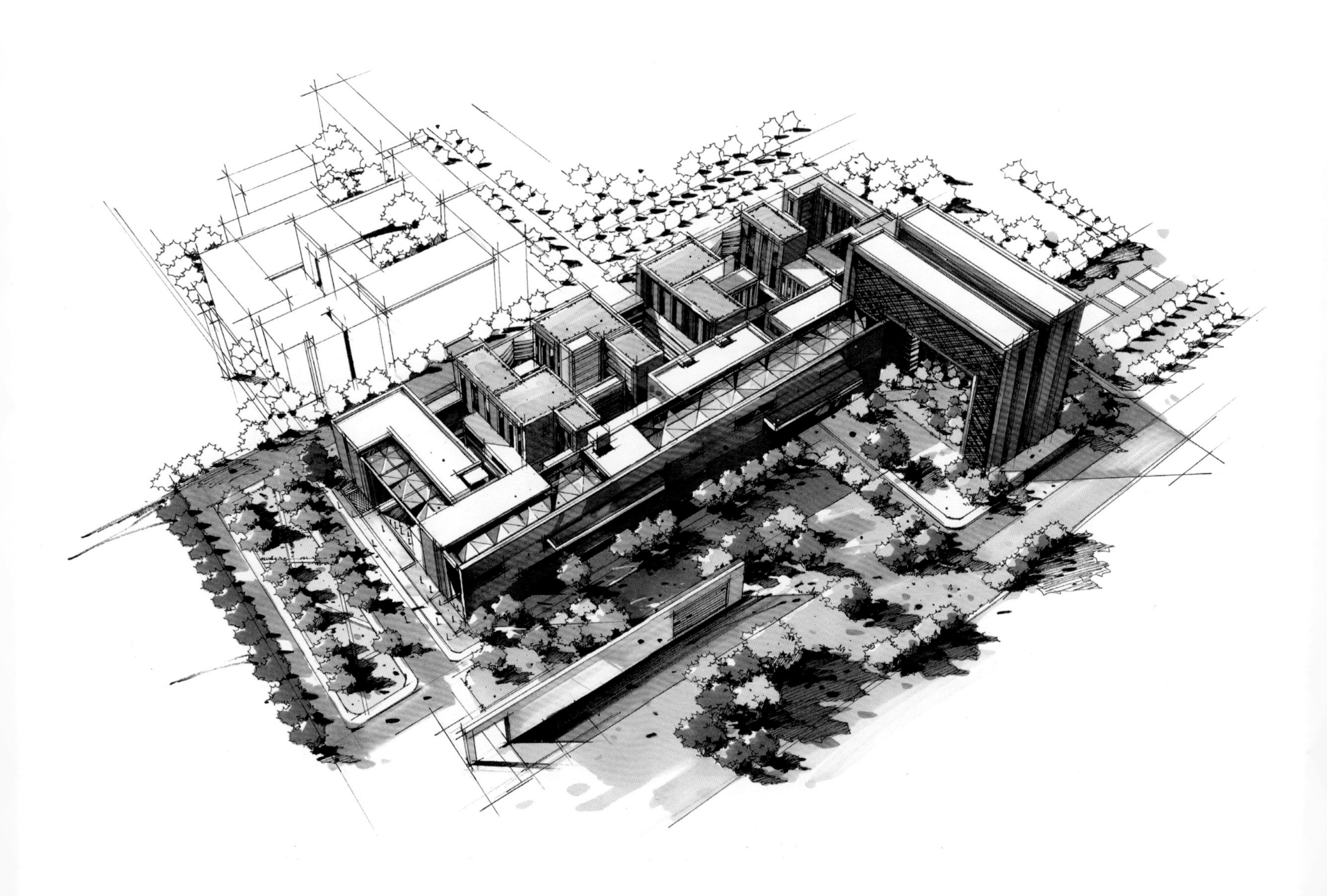

第三步，进一步完善周围的环境，表现高光。

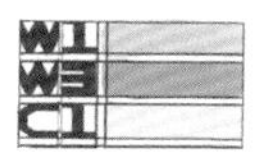
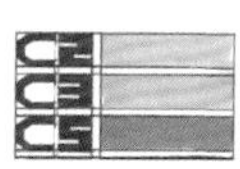
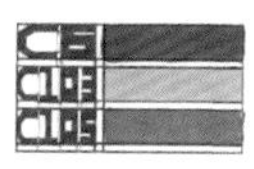

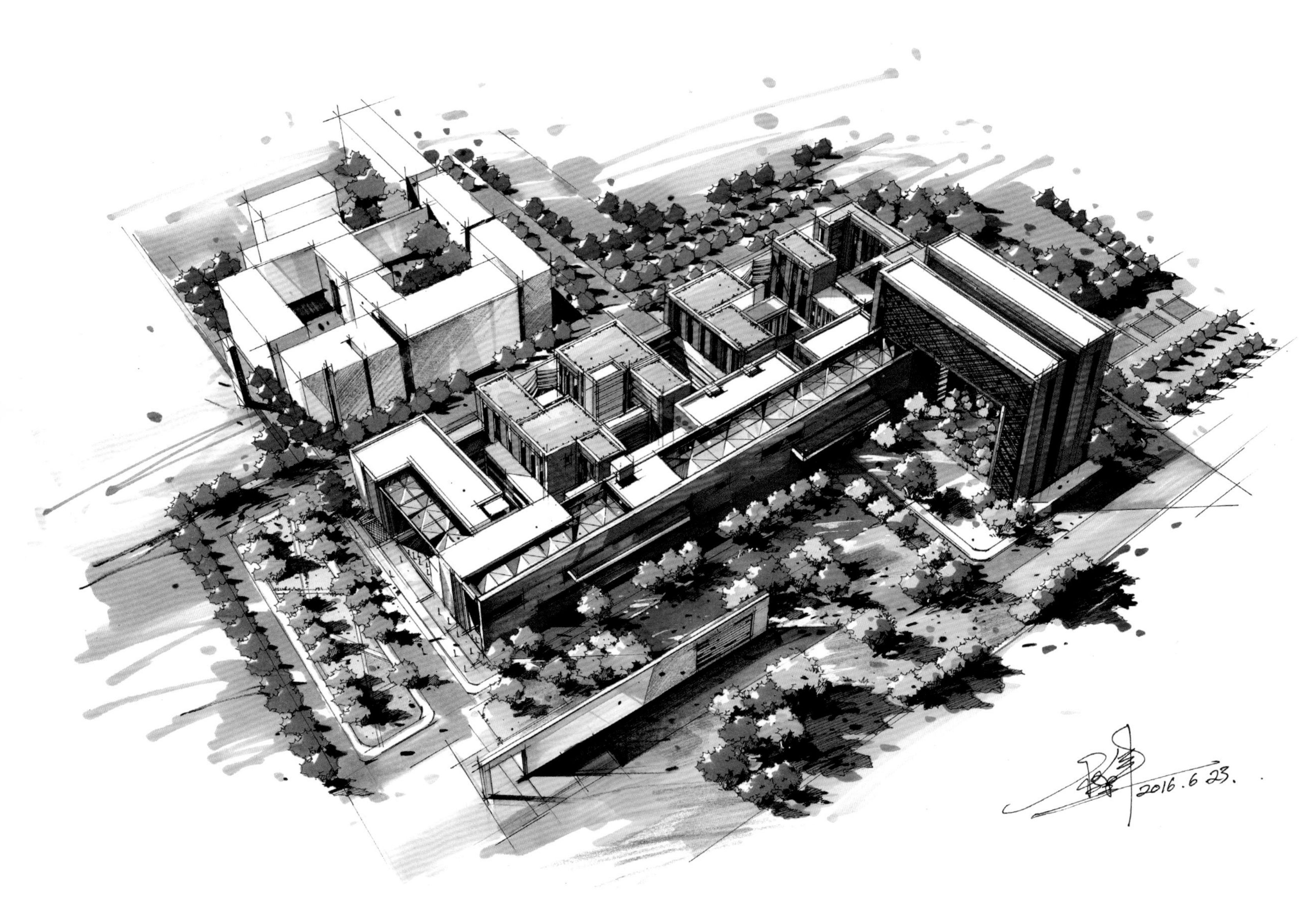

六、建筑总平面图画法

从技法上来说，建筑总平面图的绘制并不难，主要是塑造周围环境。建筑、墙体通常作留白处理。

扫码看视频

七、建筑立面图、剖面图画法

绘制建筑立面图、剖面图的时候，注意体现出物体的前后关系。虽然立面图本质上是进行平面刻画，但应通过阴影的关系体现建筑的立体感。

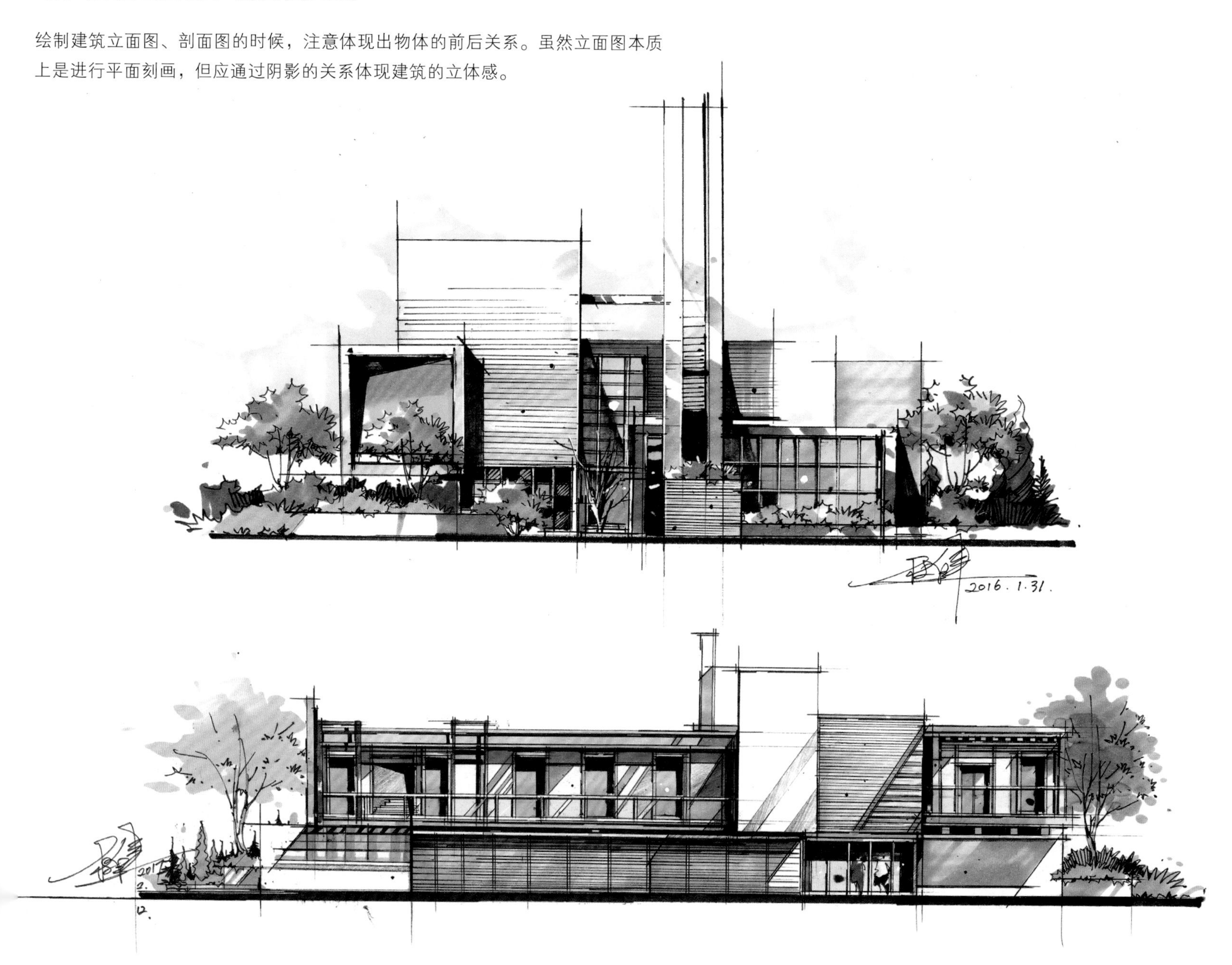

八、建筑鸟瞰图、轴测图画法

建筑鸟瞰图和轴测图是一种非常实用、立体的手绘表达方式，也是绘制难度最高的一种表达方式，不仅需要掌握建筑的比例、体量、透视关系，还需要注意光影的处理。

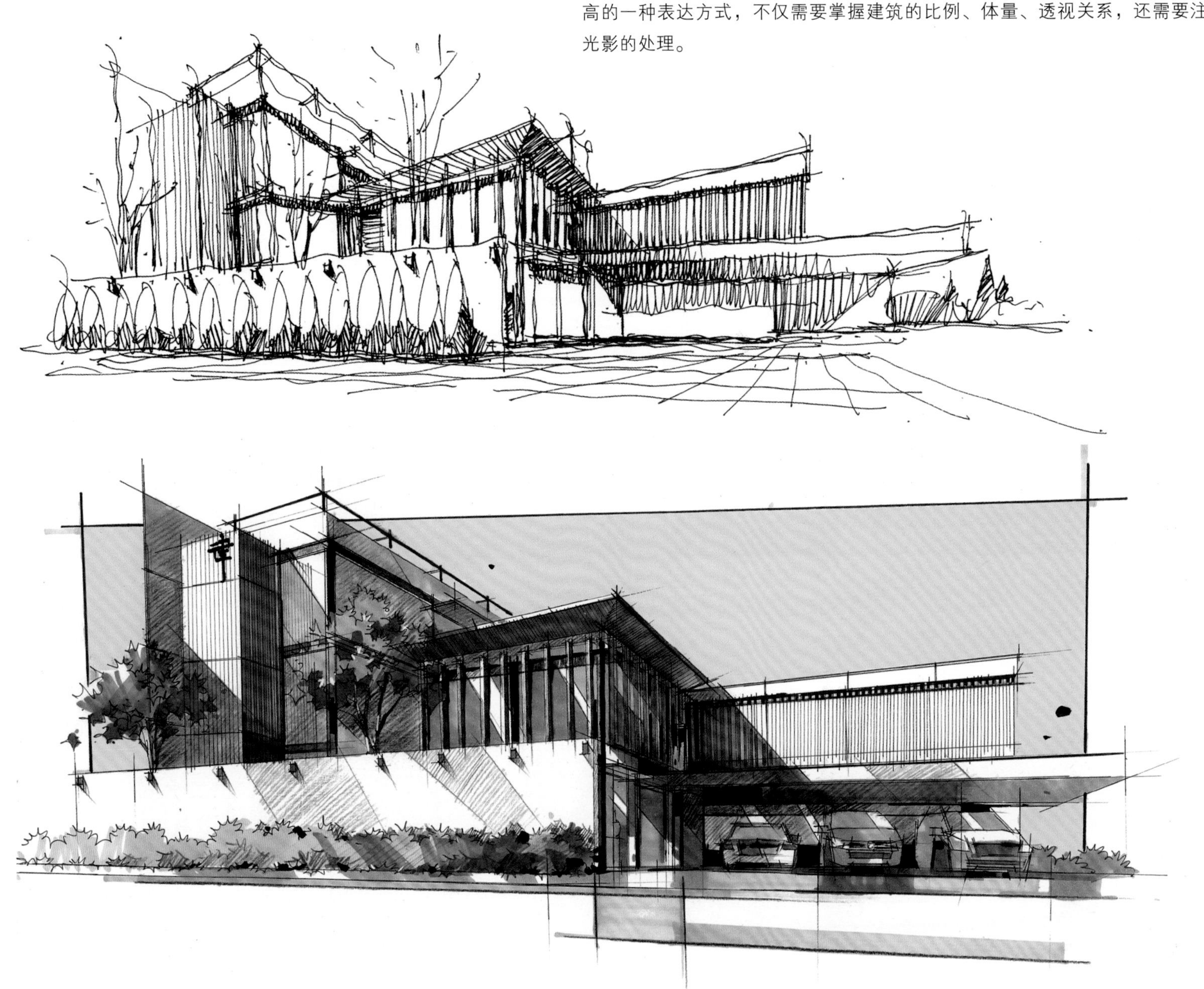

九、城市规划鸟瞰图画法

城市规划鸟瞰图单从表现形式来讲，相对简单许多，但是当涉及大型鸟瞰图绘制的时候，难度就会增加，需要的时间也会相应增加。
城市规划手绘的重点和难点在于鸟瞰图。

第一步，先用铅笔勾勒物体的位置、比例关系等，以表现鸟瞰图中大概的角度。该步骤表现以准确为主，不需要刻画太多细节，以节约时间。

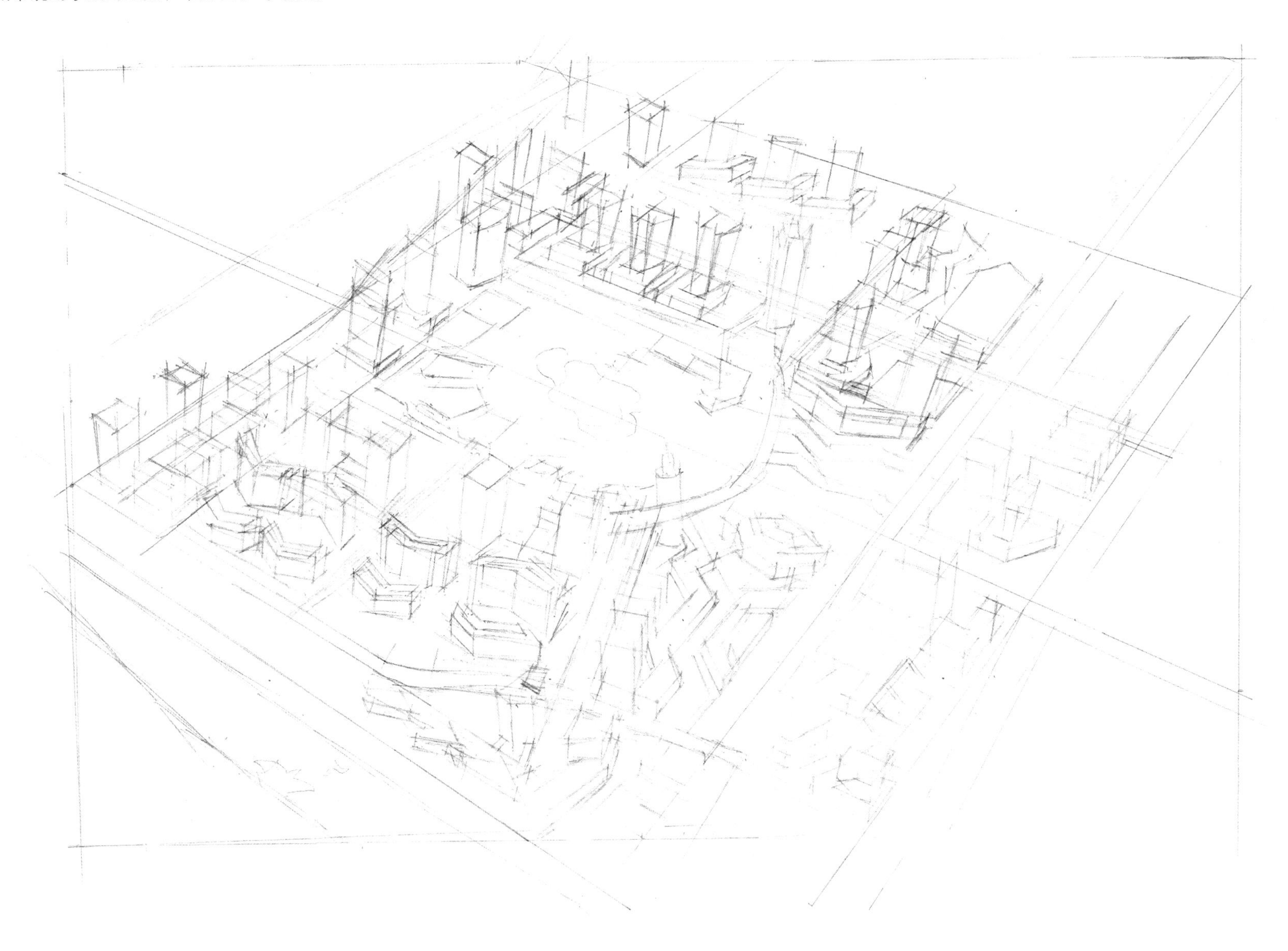

第二步，鸟瞰图含有一些三点透视元素，在下方很远处有一个消失点。所以图中竖线并不是全部垂直的。鸟瞰图的线稿十分复杂，想精心刻画每条线并不容易。绘制时要保持稳定的心态。

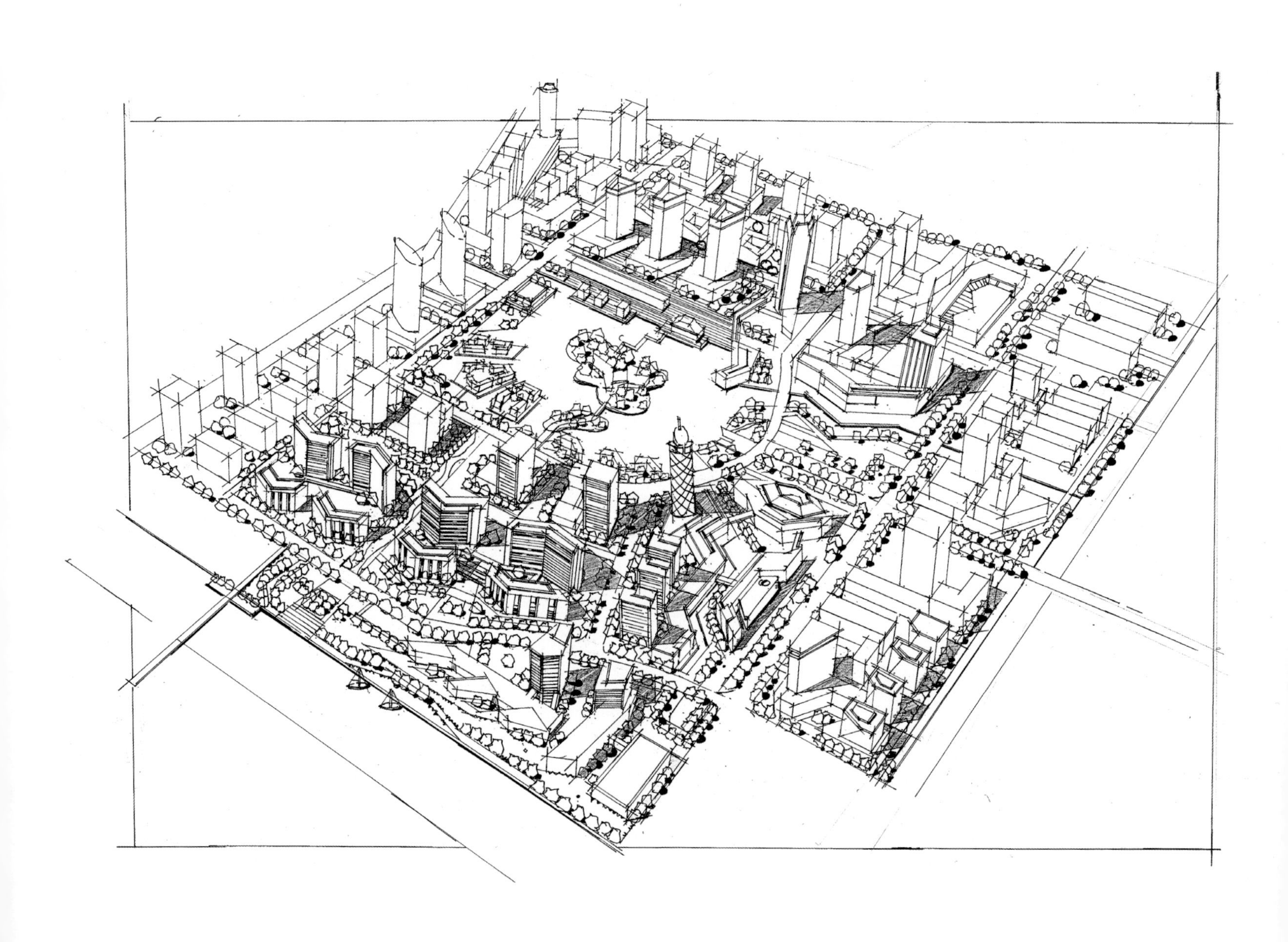

第三步，给鸟瞰图上色时，需要控制画面的整体色彩。例如草地、植物选用何种绿色能够呈现更好的画面效果。建筑体块尽量少上色，甚至不上色。最好能够让道路系统清晰地显示出来。

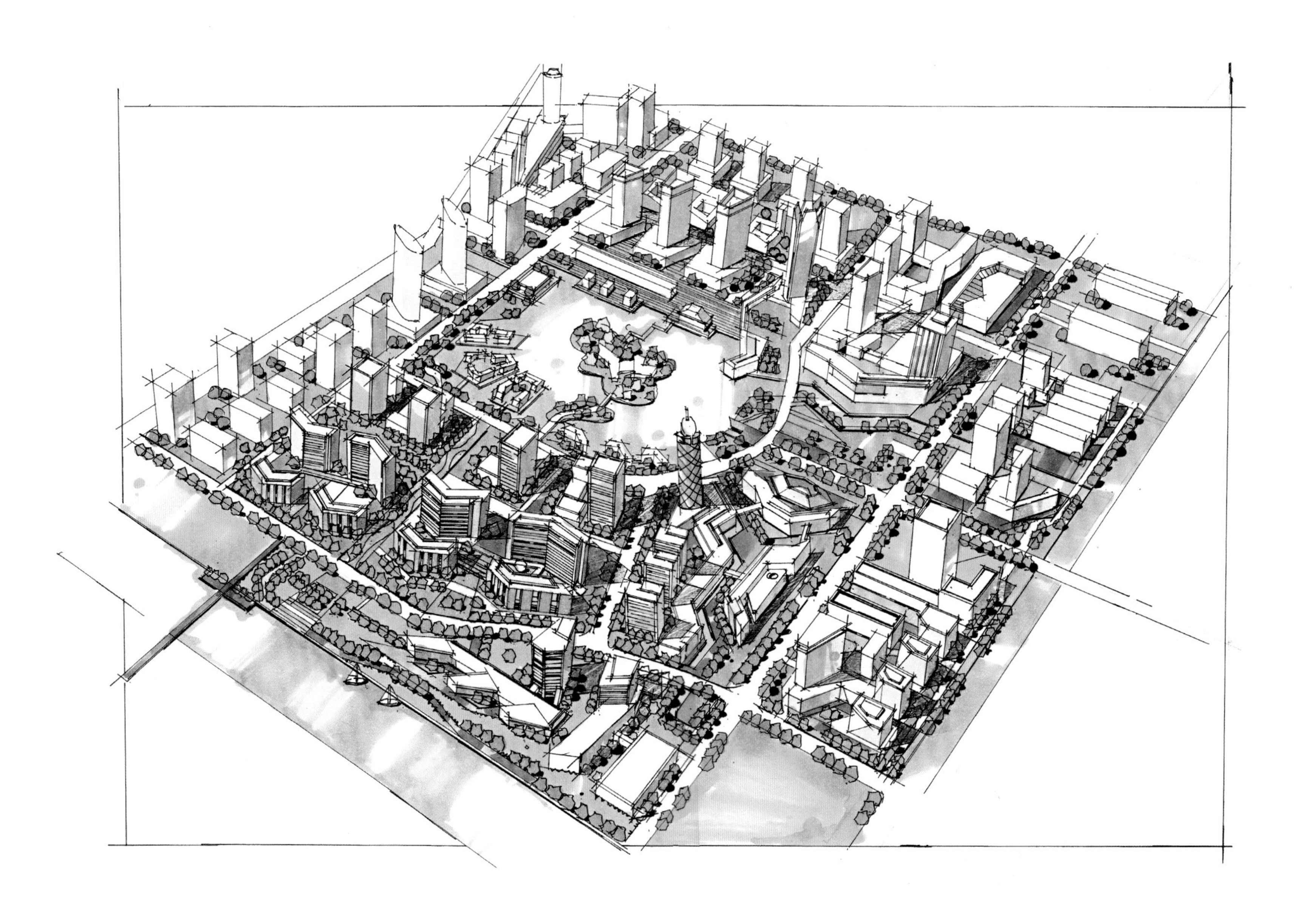

第四步，对阴影部分适当进行深化处理。

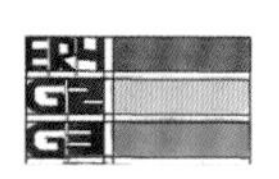

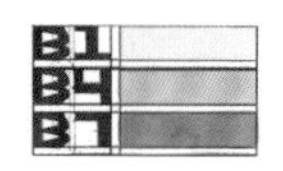

B102

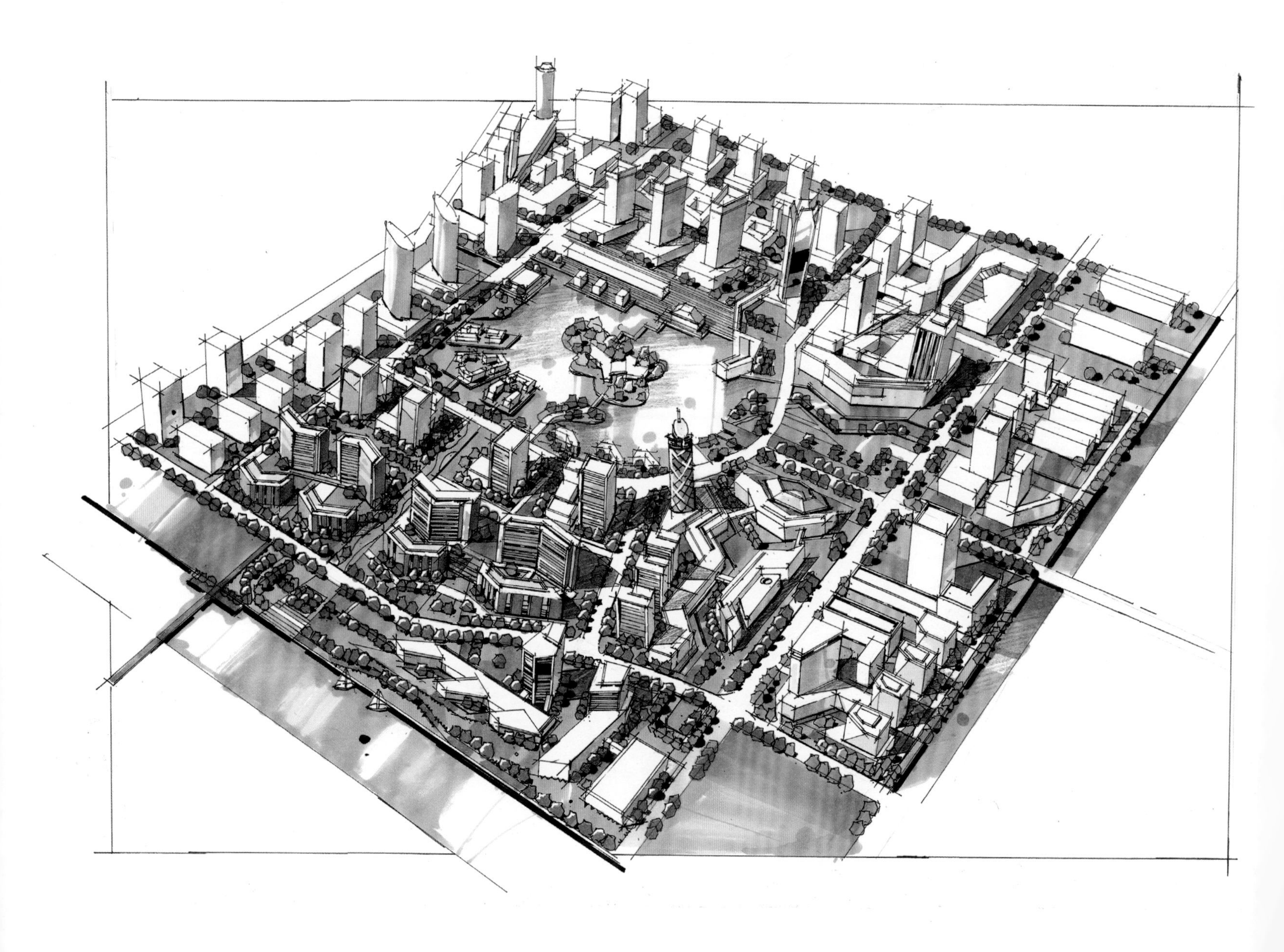

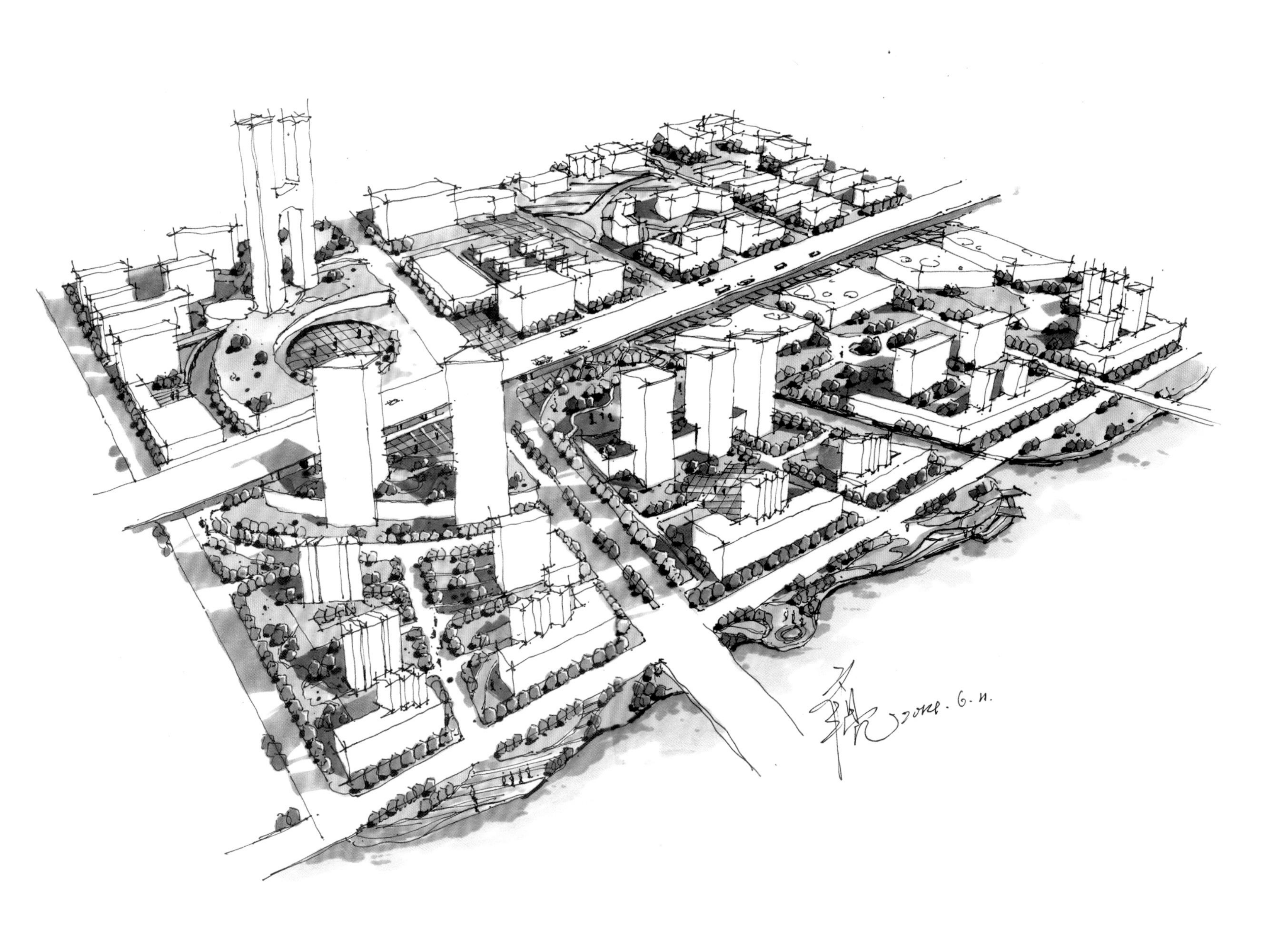

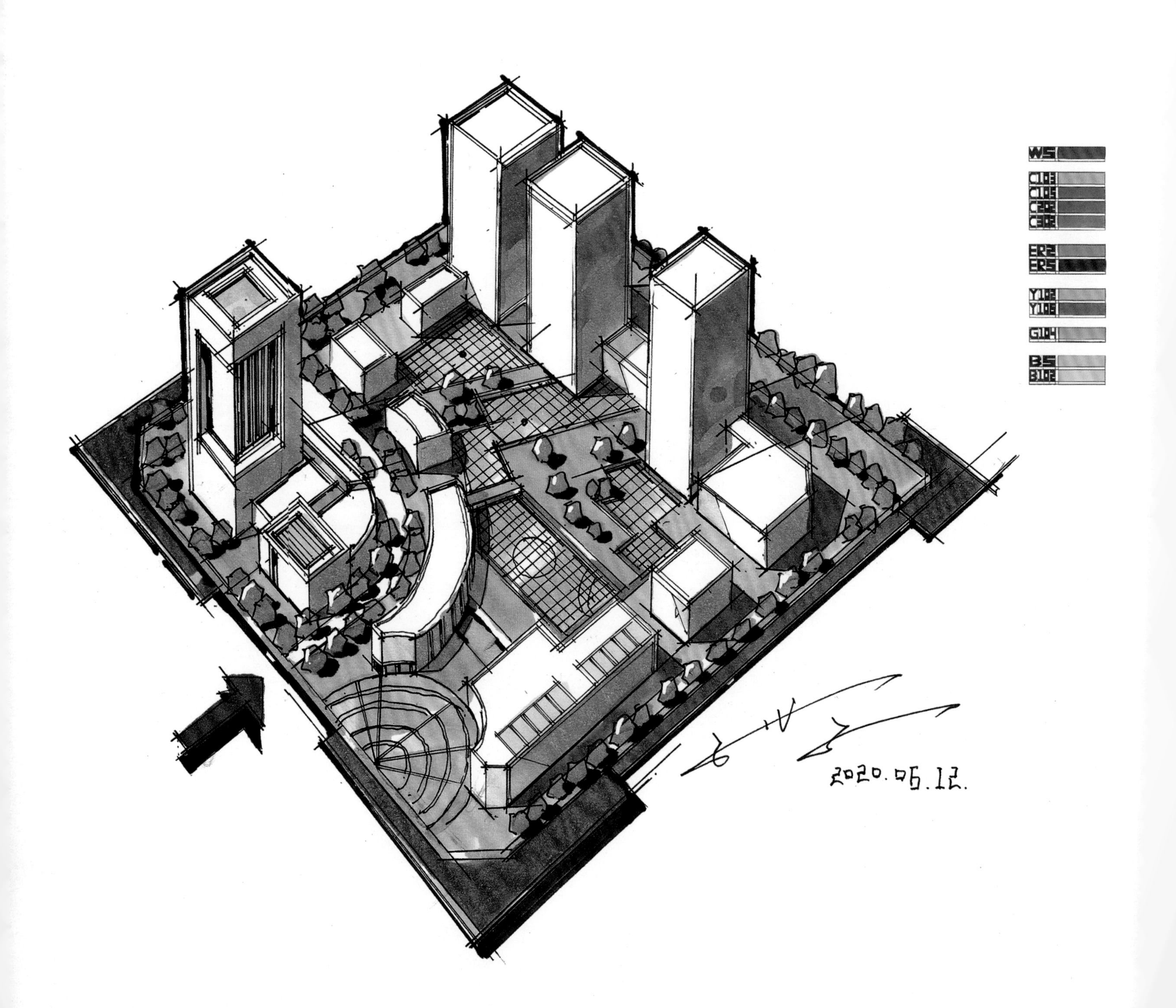
WS
C103
C105
C202
C302
ER2
ER5
Y102
Y106
G104
B5
B102
2020.05.12.

草图快速表现

草图快速表现是培养设计师直观设计感觉的有效方法，草图是非常实用的手绘表现形式。画草图的时候，不需要太注意细节。首先要把握好大致的透视关系，大致的色彩搭配关系,以及初步的材质设定、造型设定。然后用轻松的线条及上色进行细致的勾勒。草图手绘表现的要点就是要快速地表现设计感觉。

平面图、立面图、草图可反映建筑的整体效果。在以上三种图的基础上画出效果图并不难。尤其是在基本掌握了马克笔的用法之后，绘制效果图更是举重若轻。

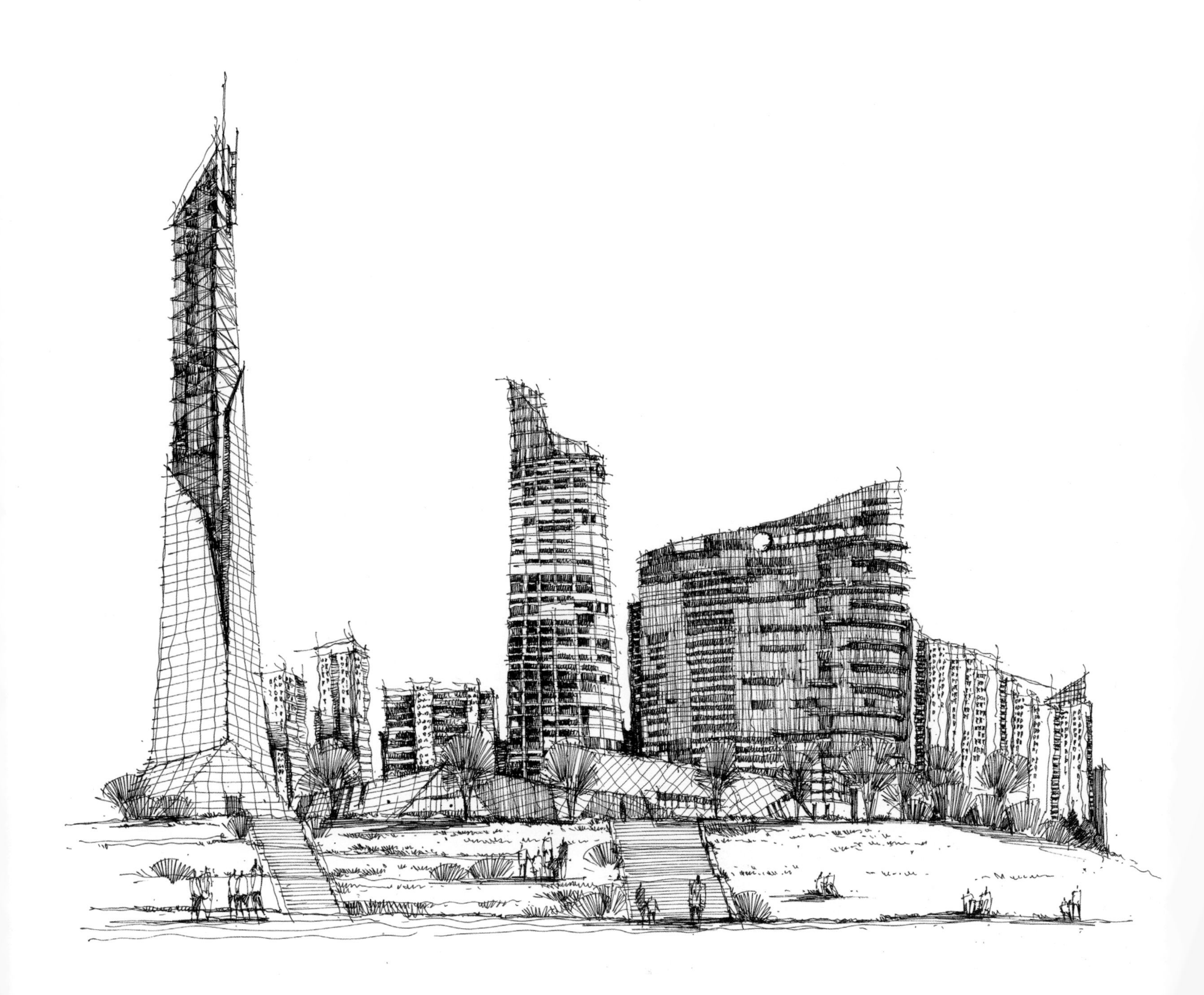

俄罗斯
10.11.22.
世博会 俄罗斯馆.

2020.3.16.

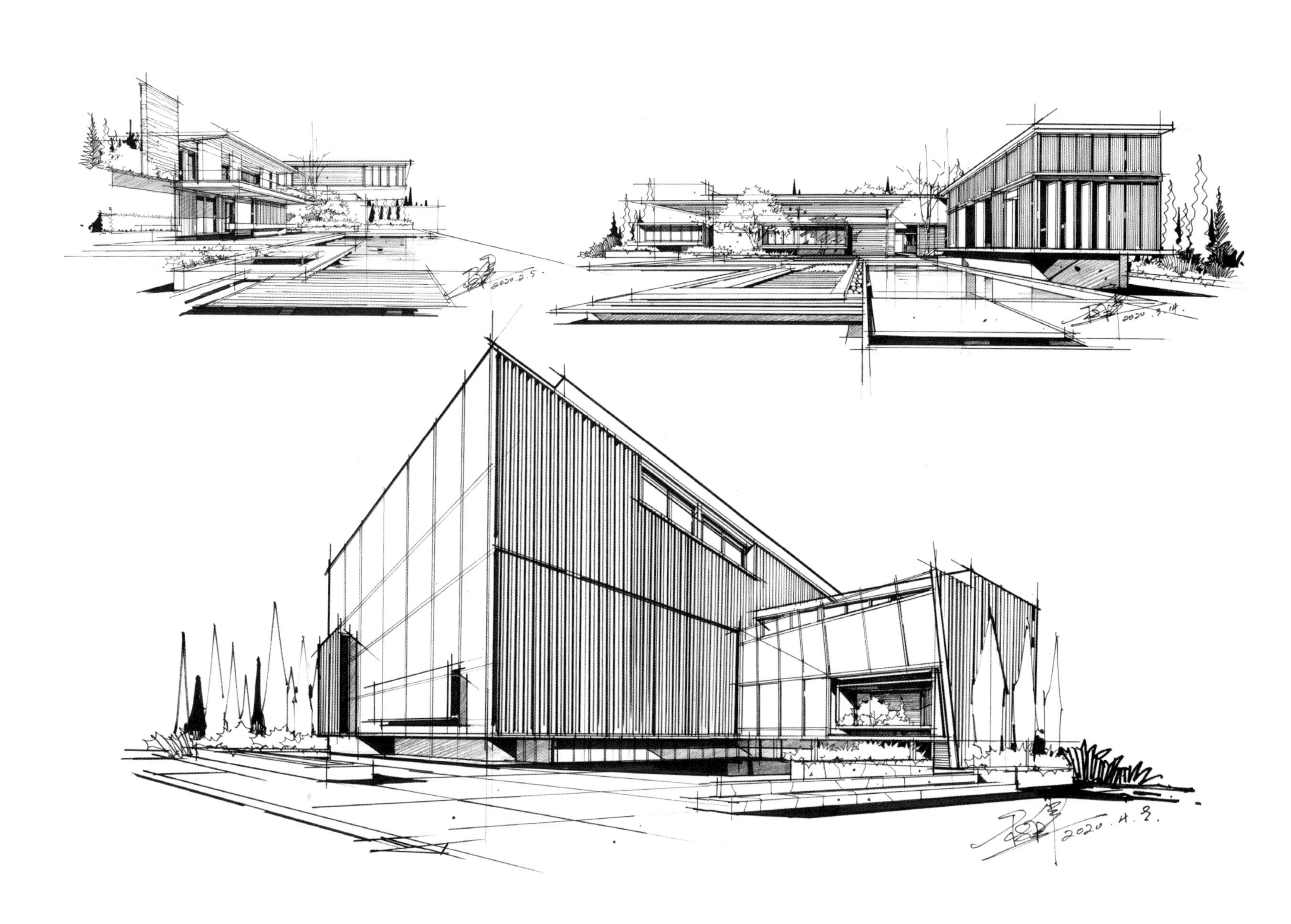

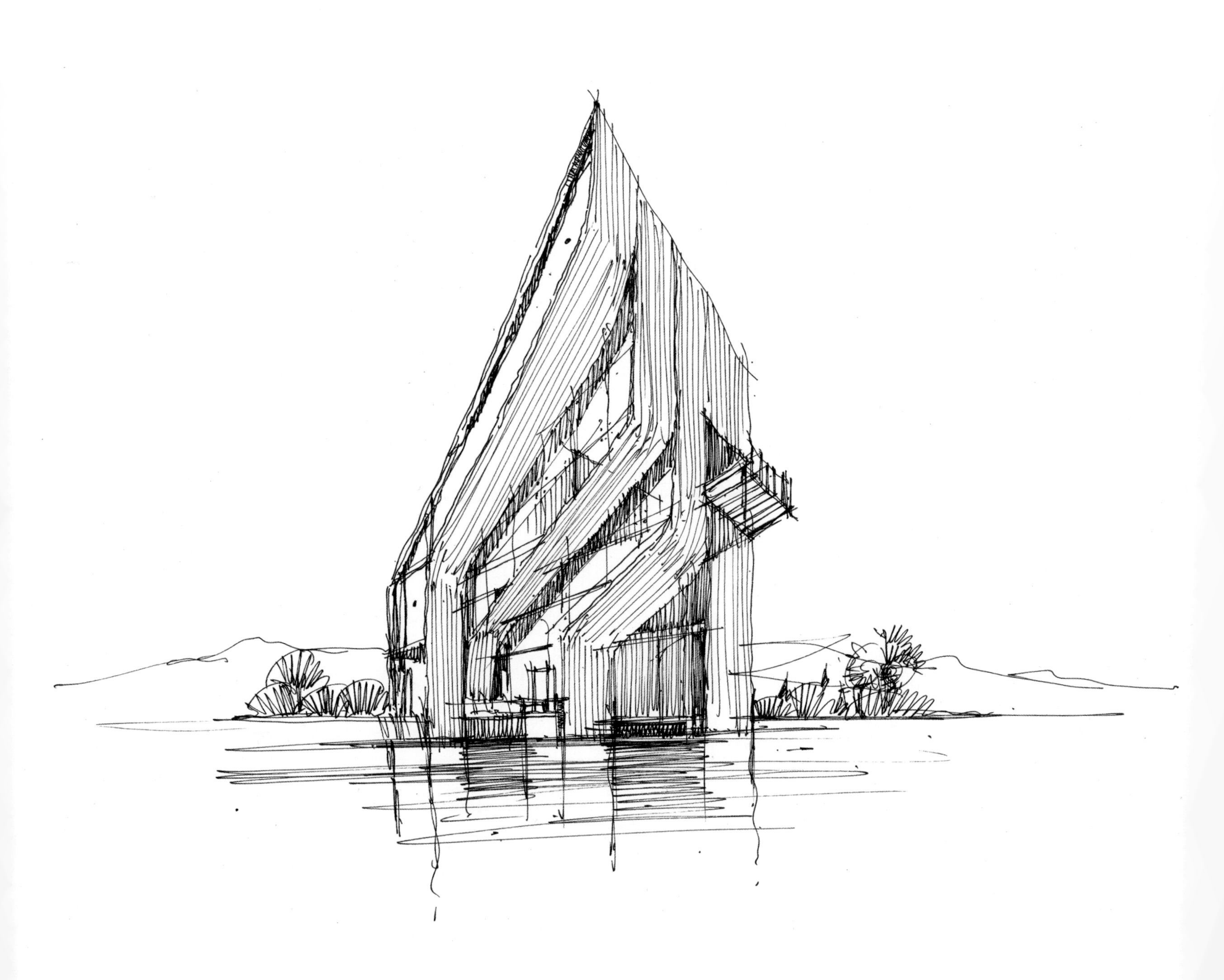

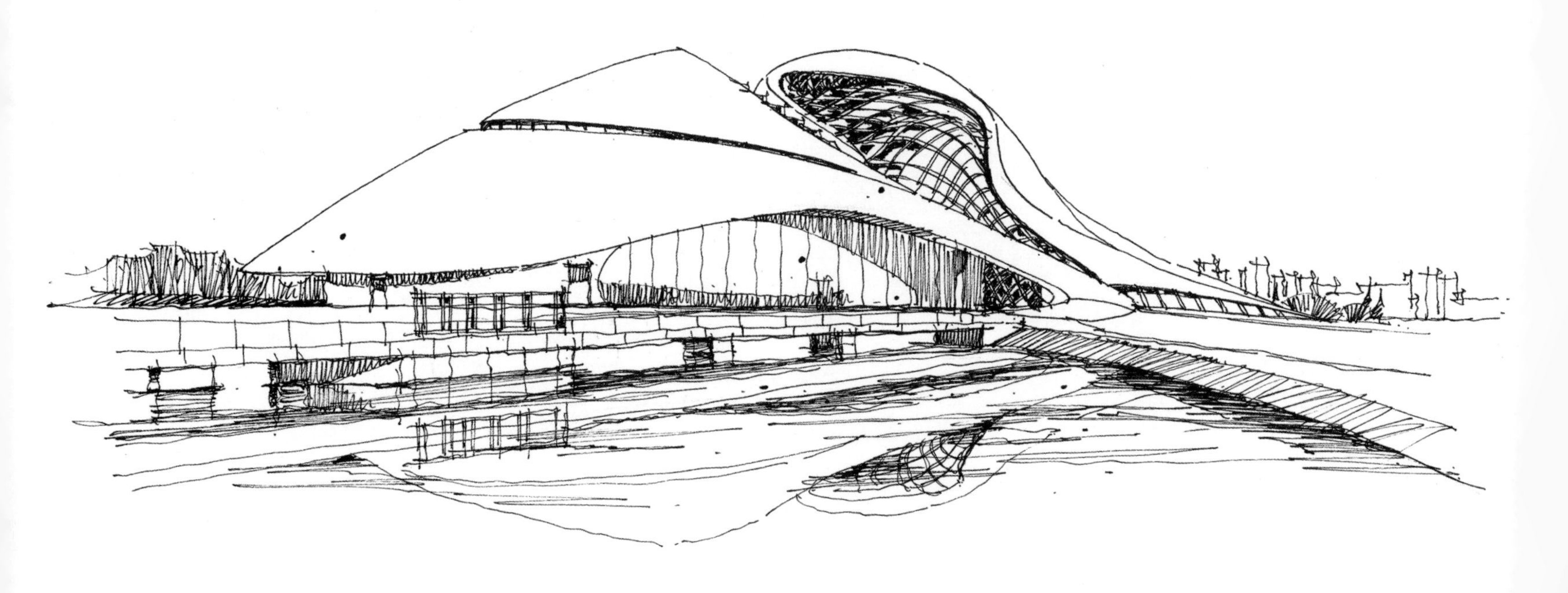

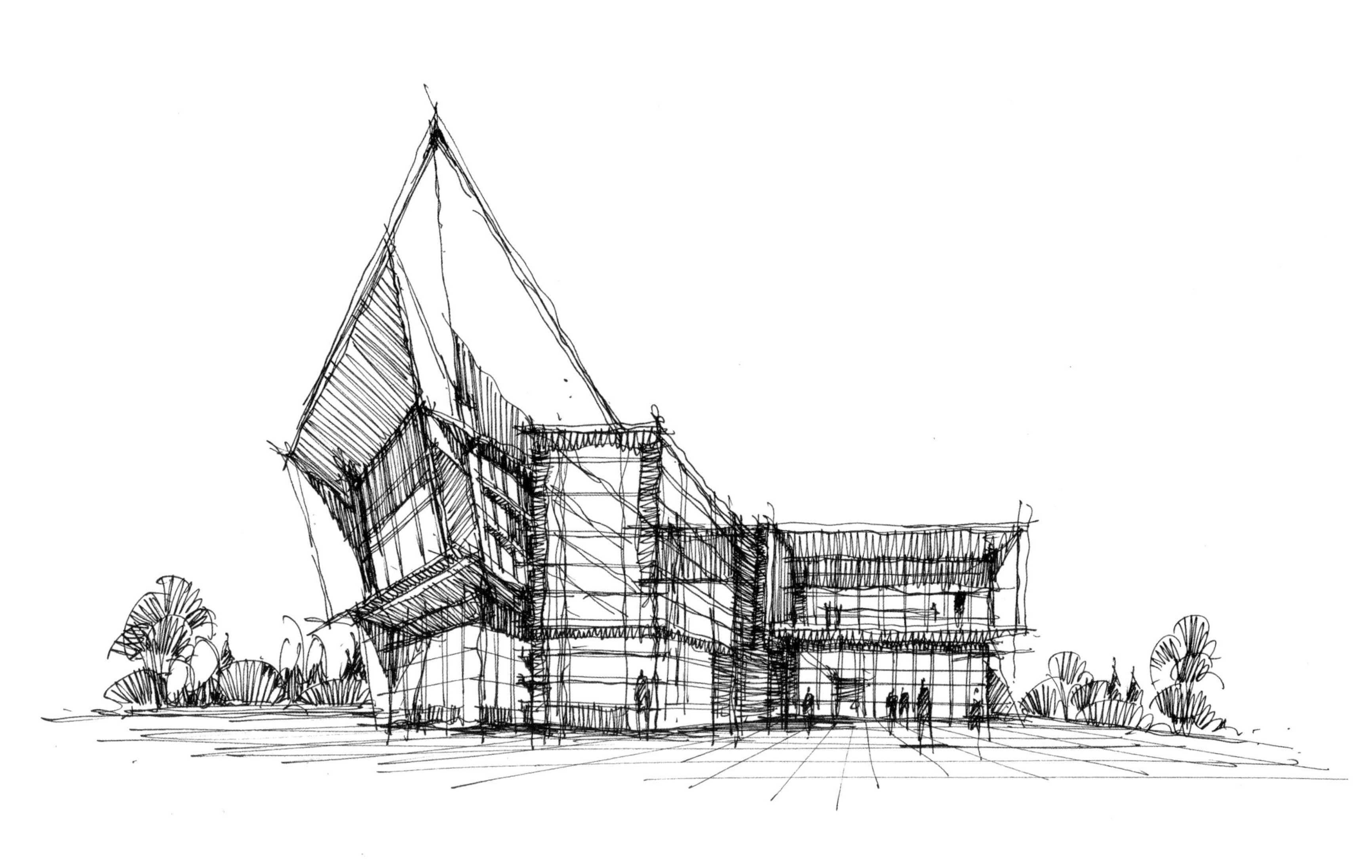

2018.2.9

2017.2.10.

作品欣赏

北京大学

北京大学

2018.8.28

望京SOHO

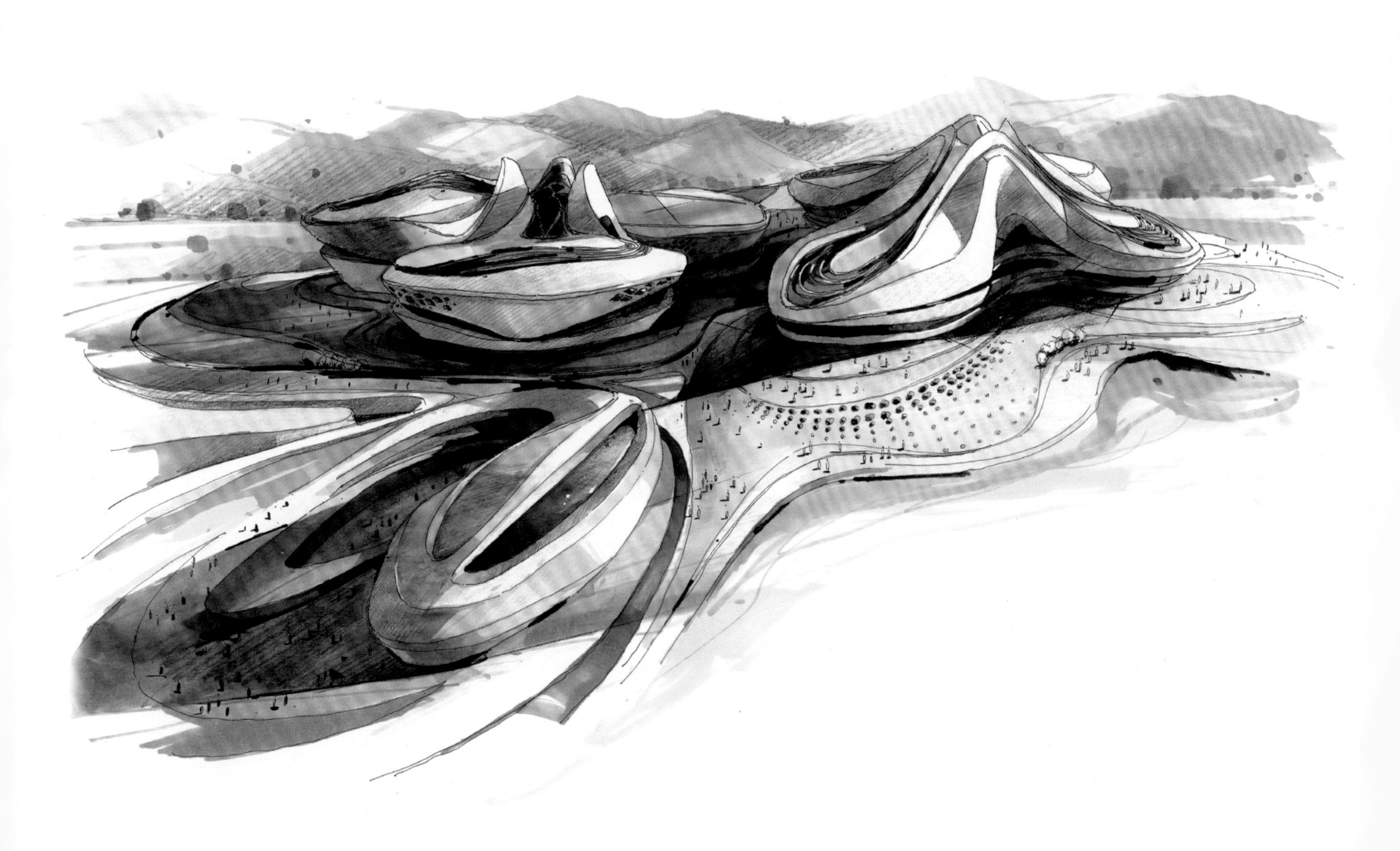

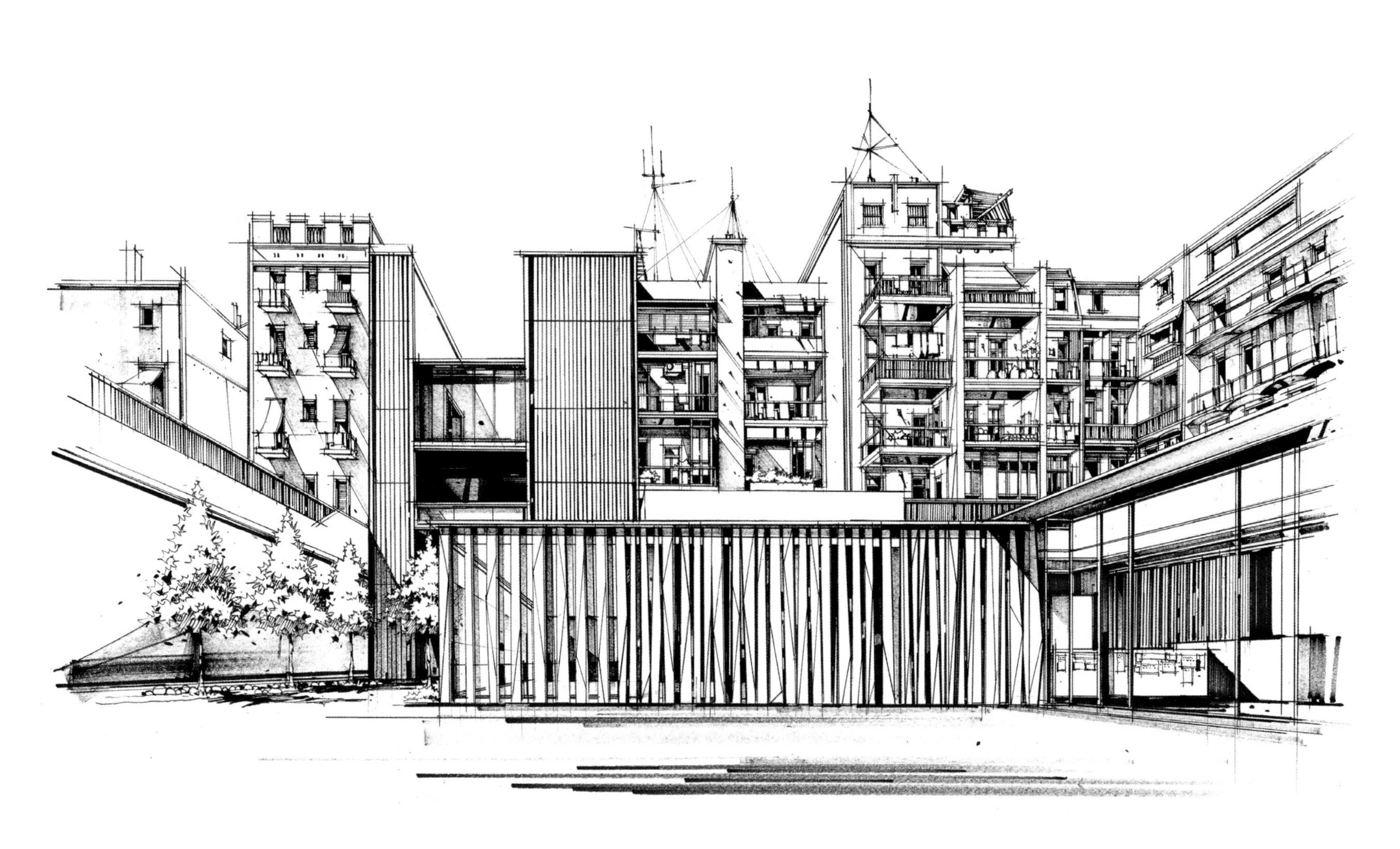

2017.3.19.

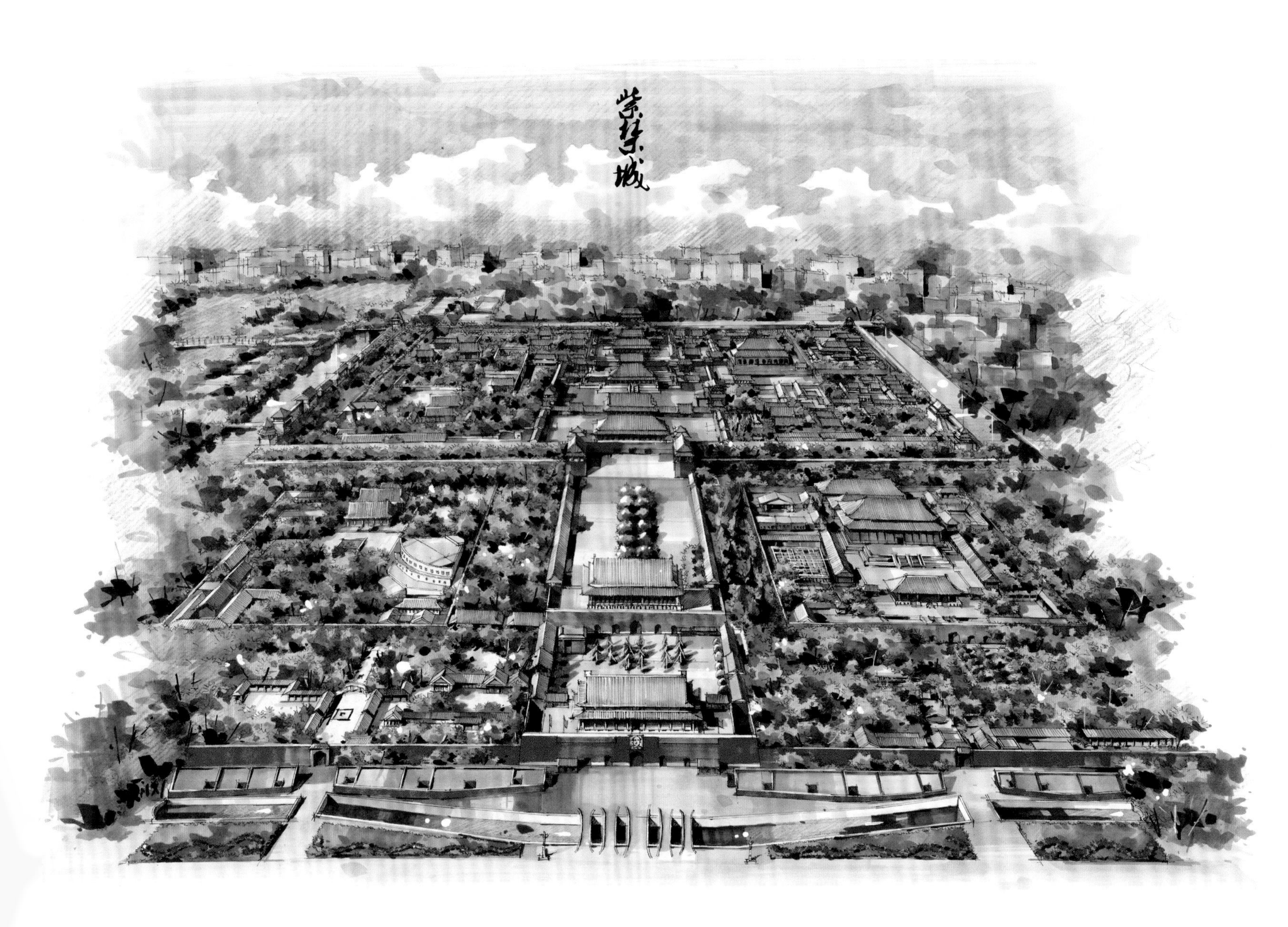
紫禁城

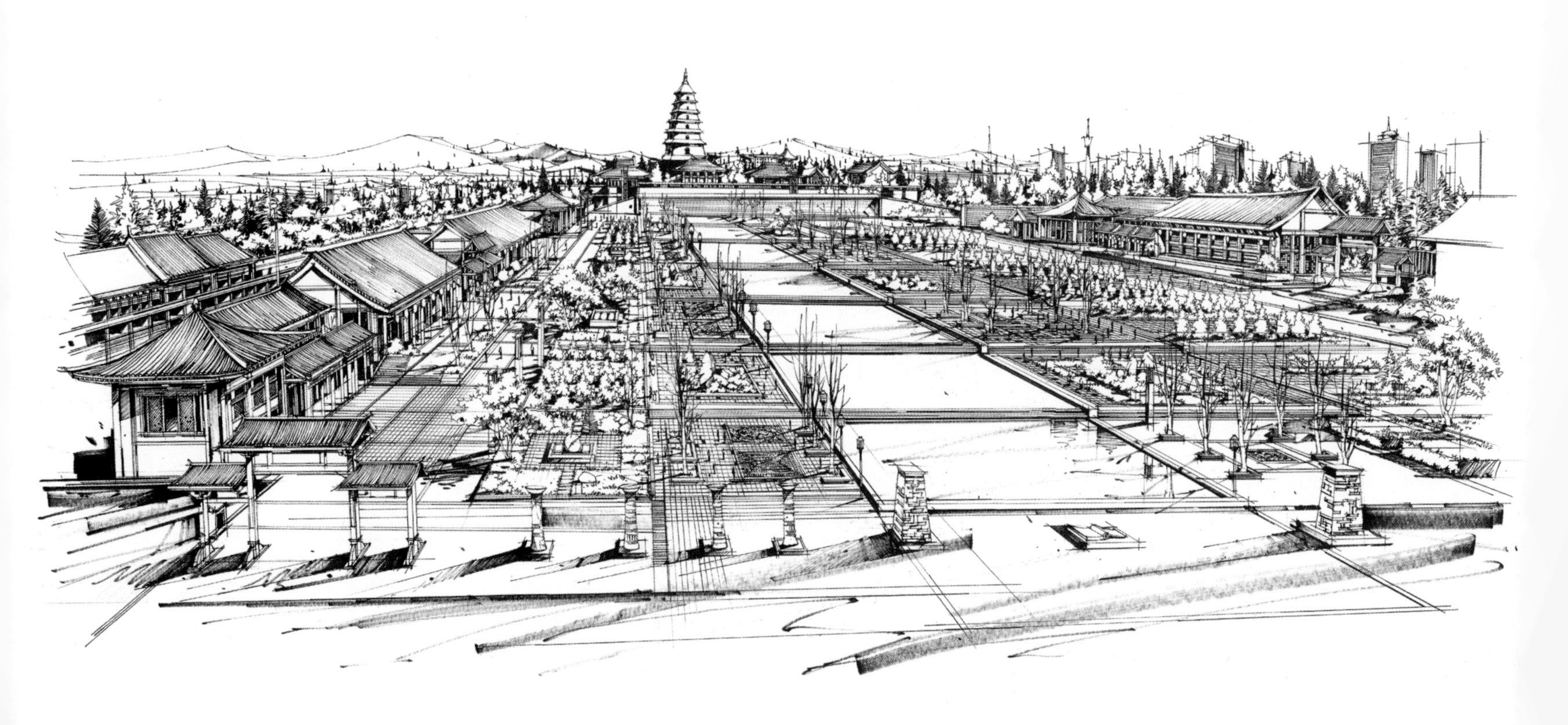

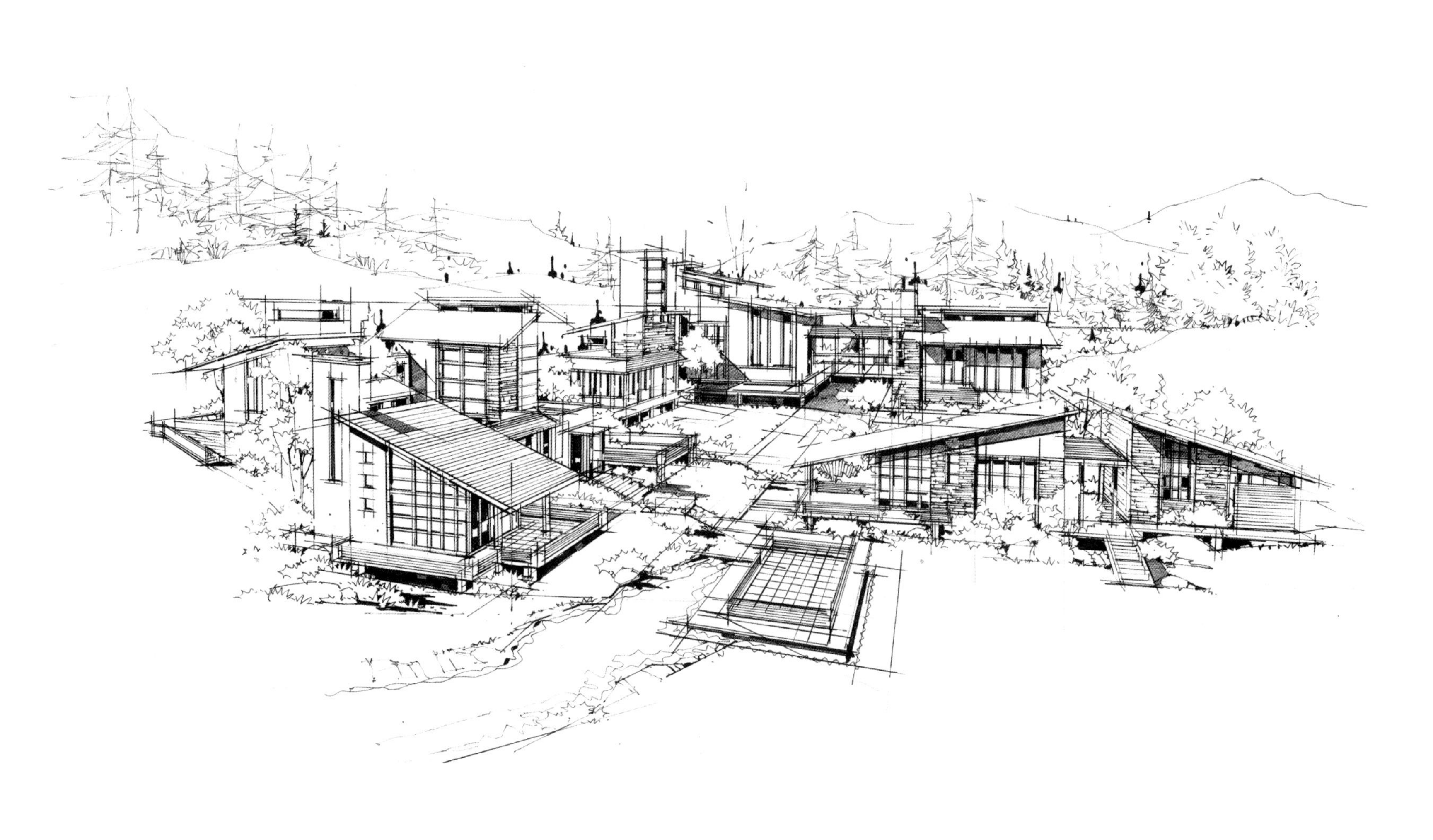

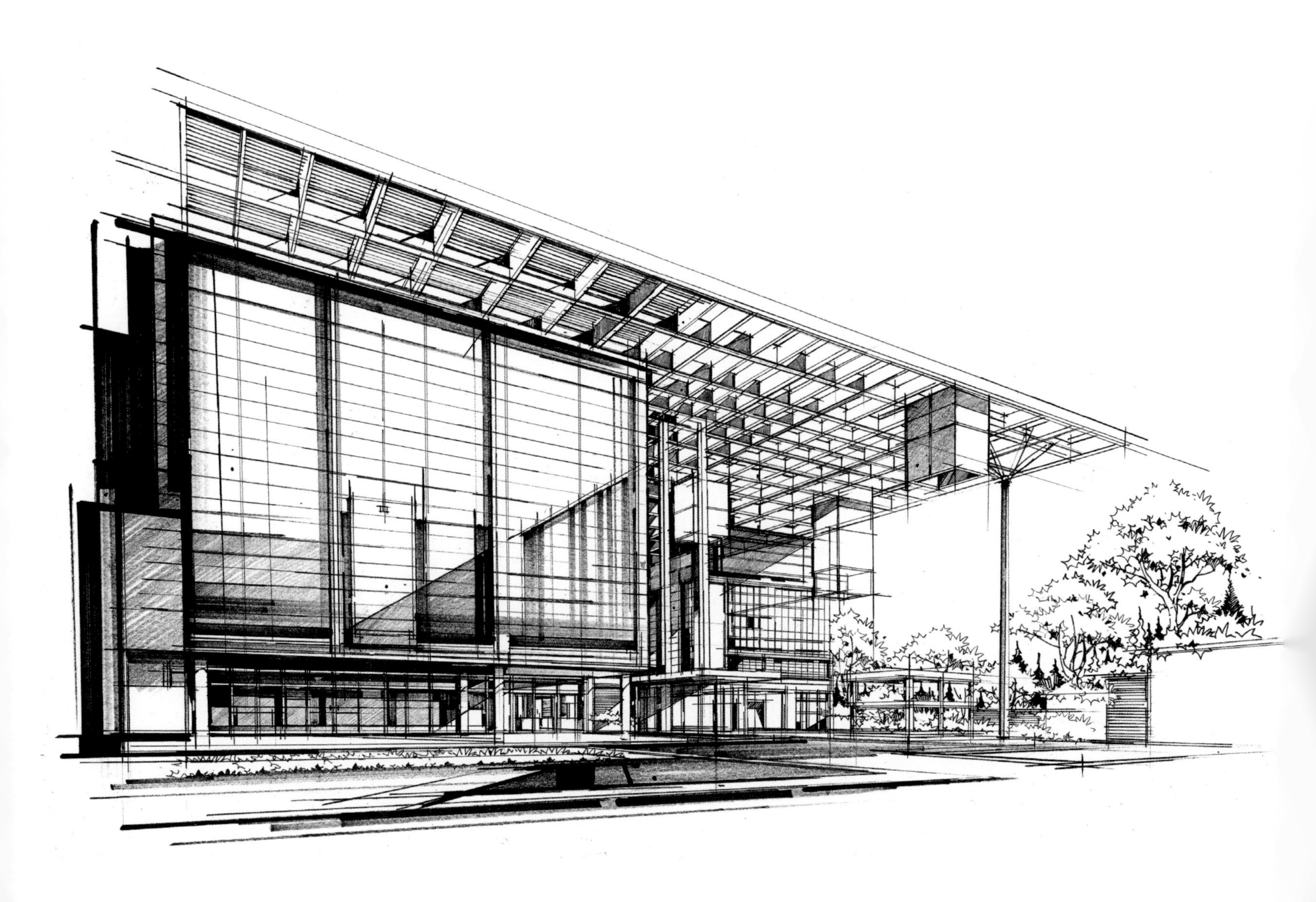

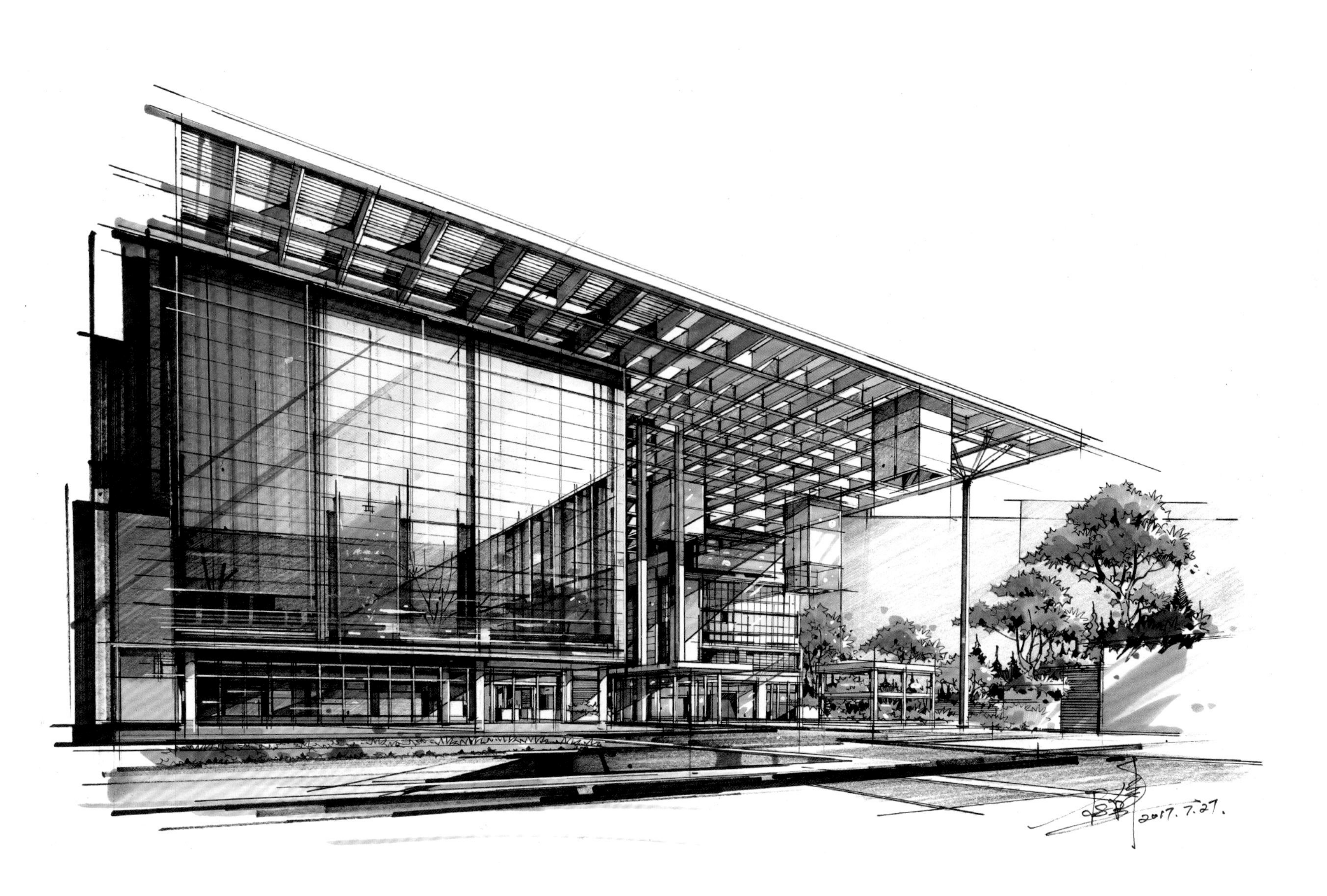
2017.7.27.

2014.10.7.

2016.3.25.

2015.4.8.

OLYMPUS
SCHENKER
SAMSUNG
2014.12.12.

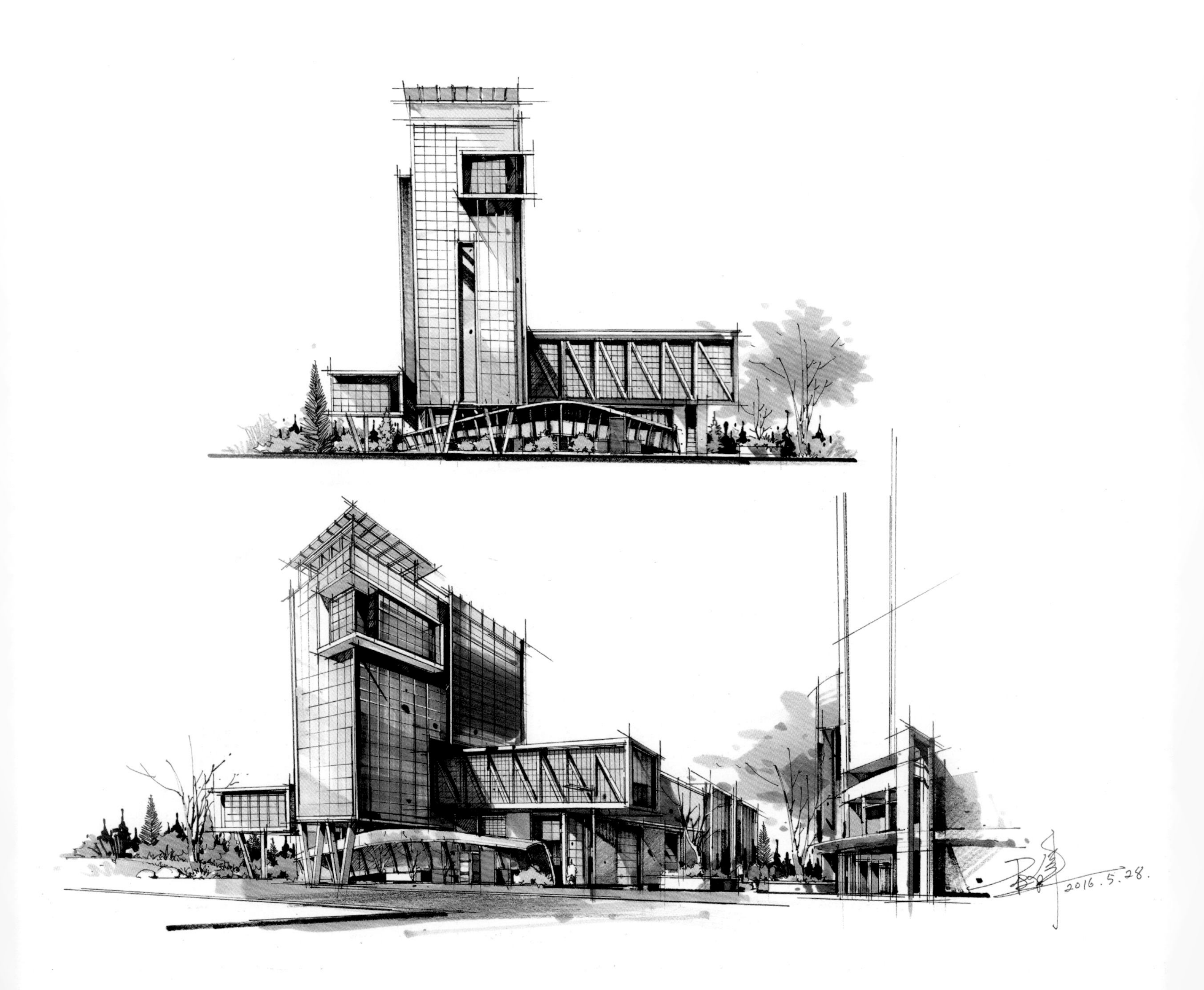
2016.5.28.

2016.6.3

2018.1.27.

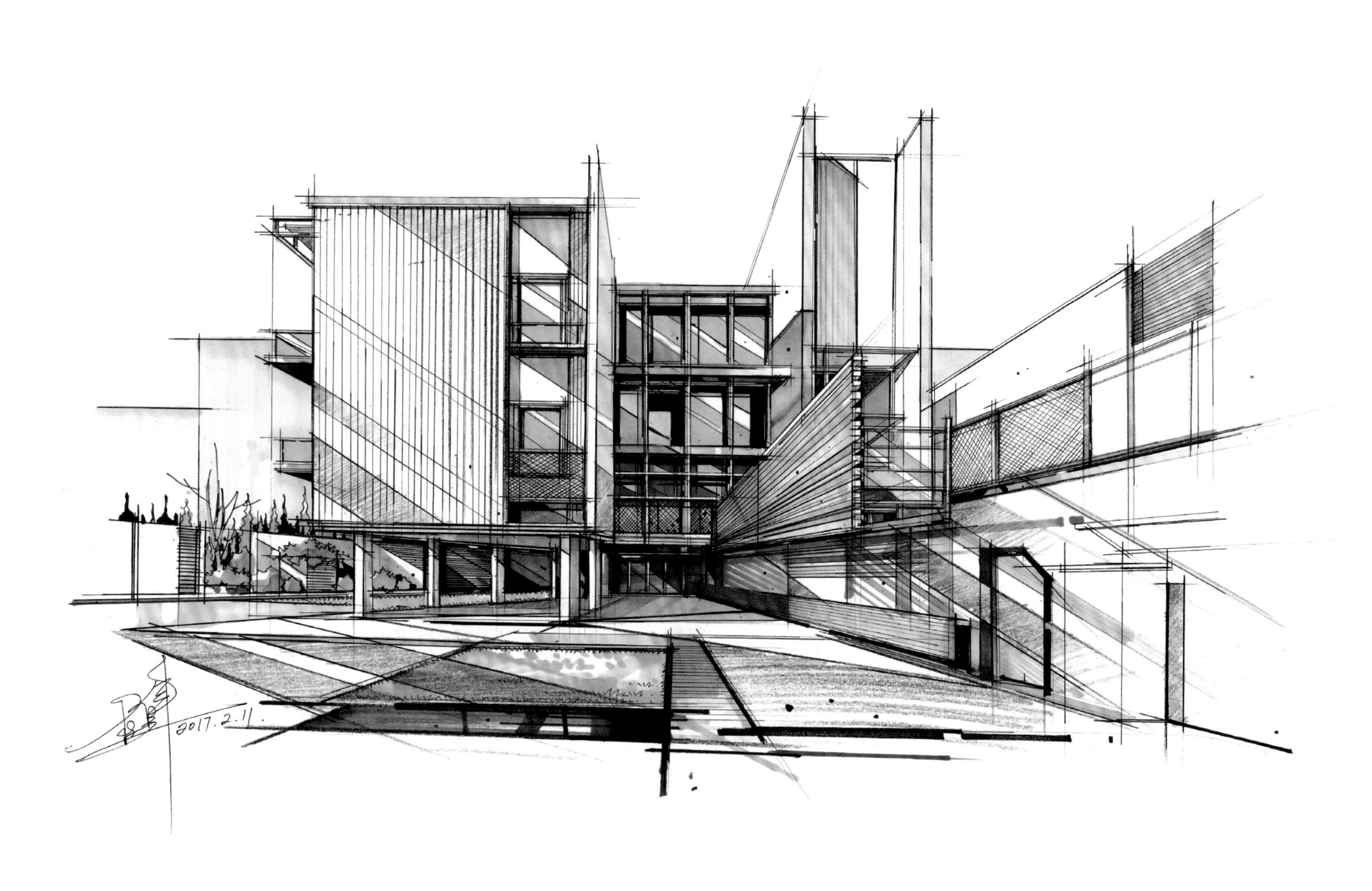
2017.2.11.

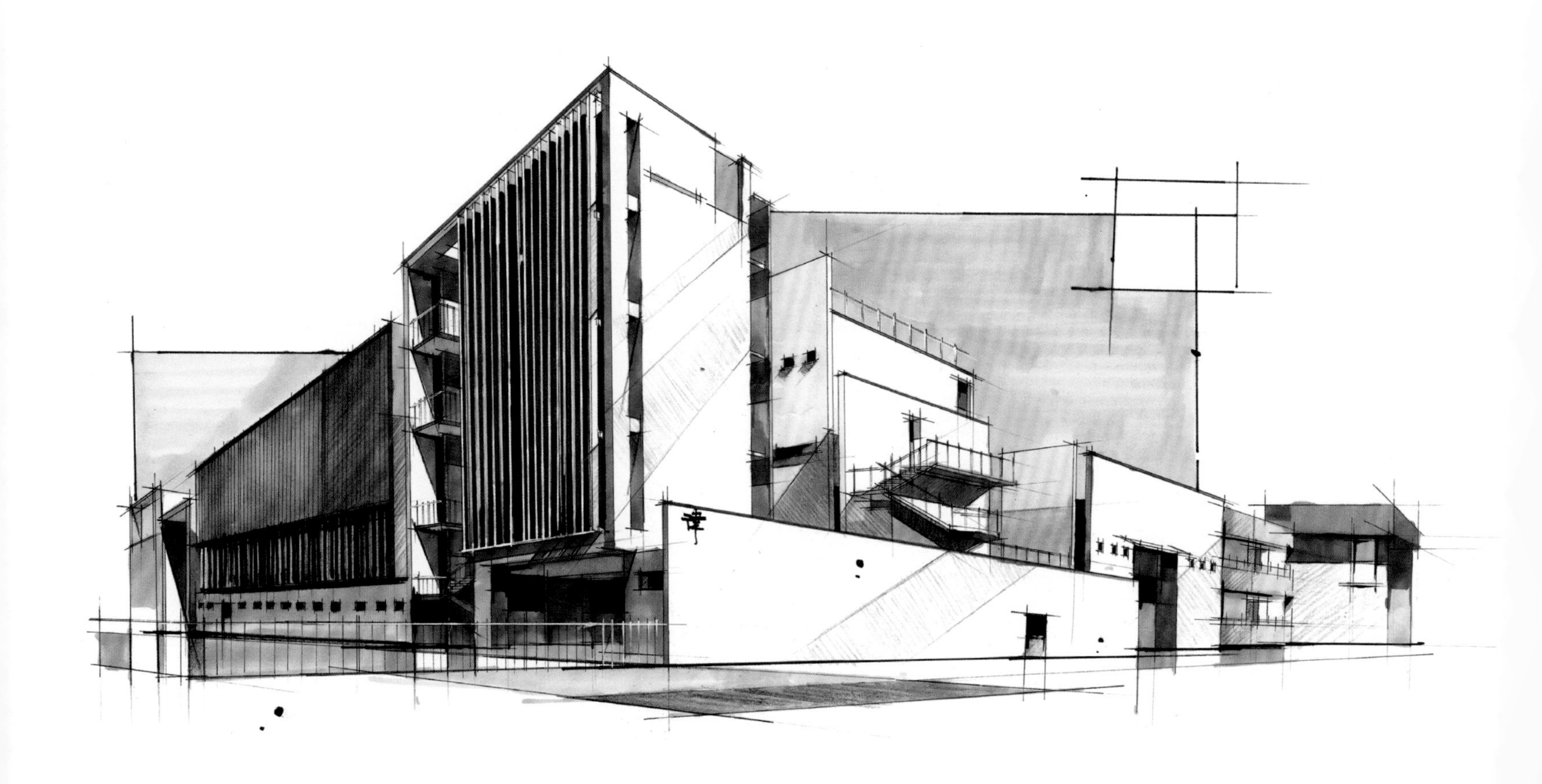

2017.1.8.

2017.3.1

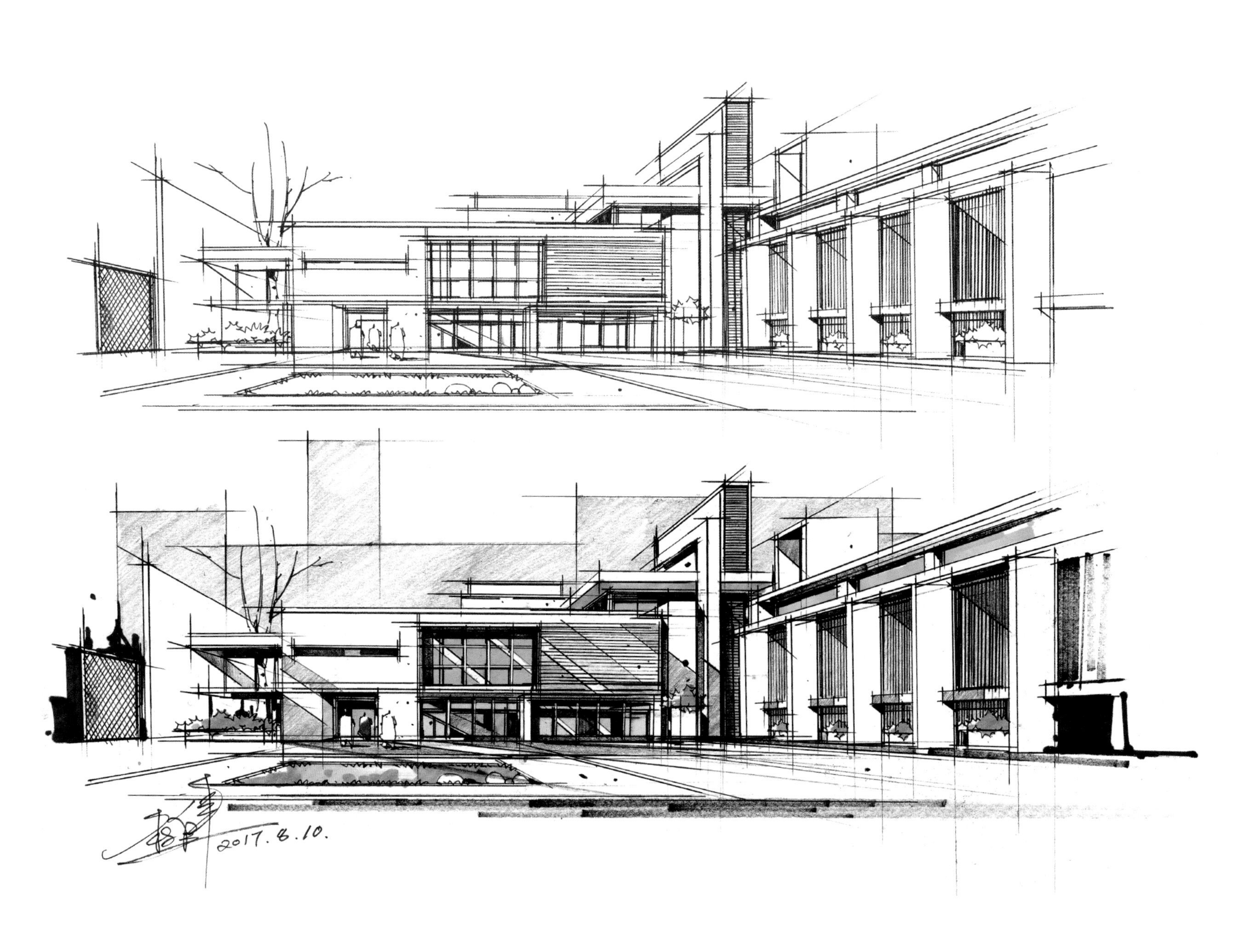
2017.8.10.

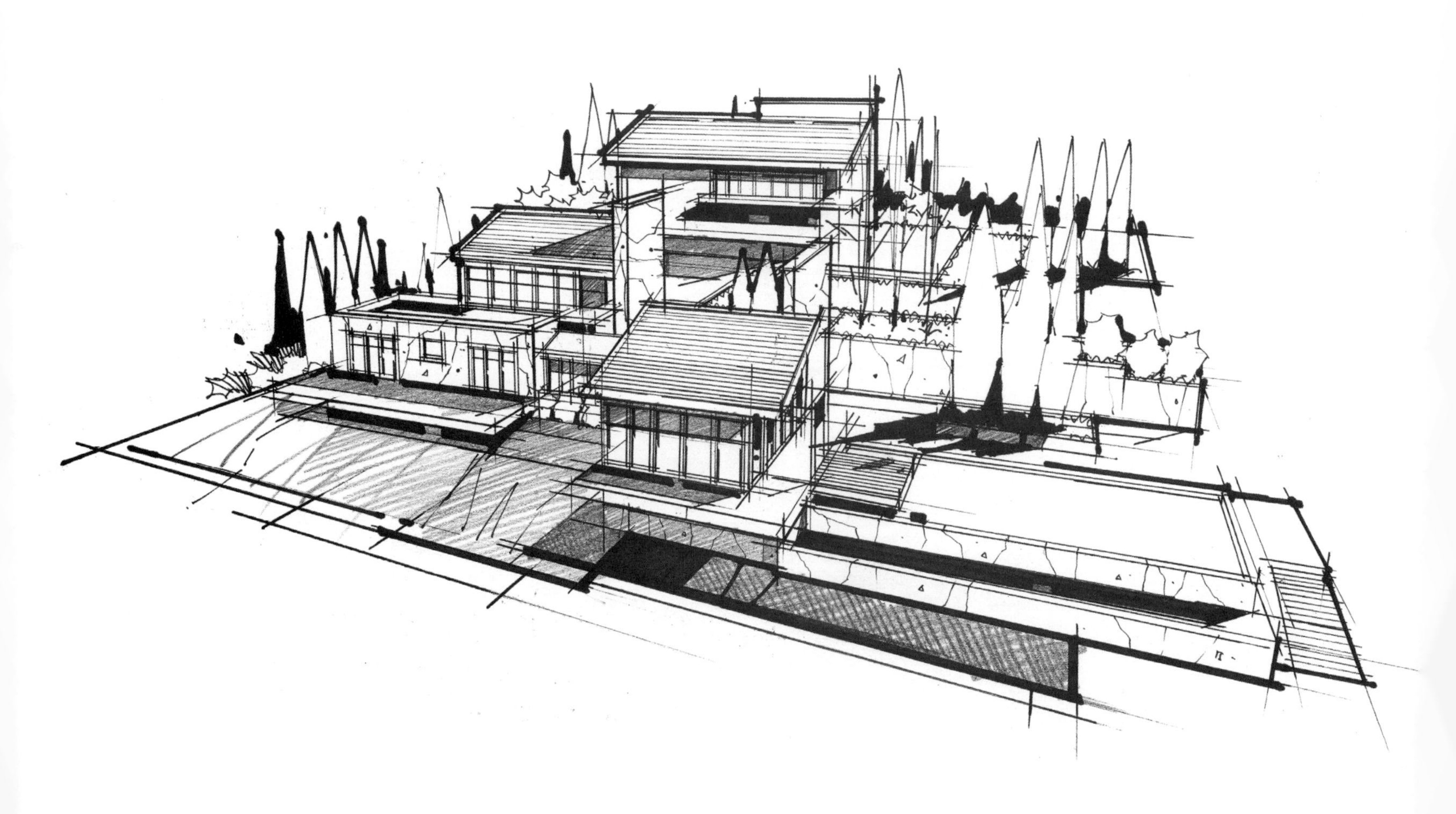

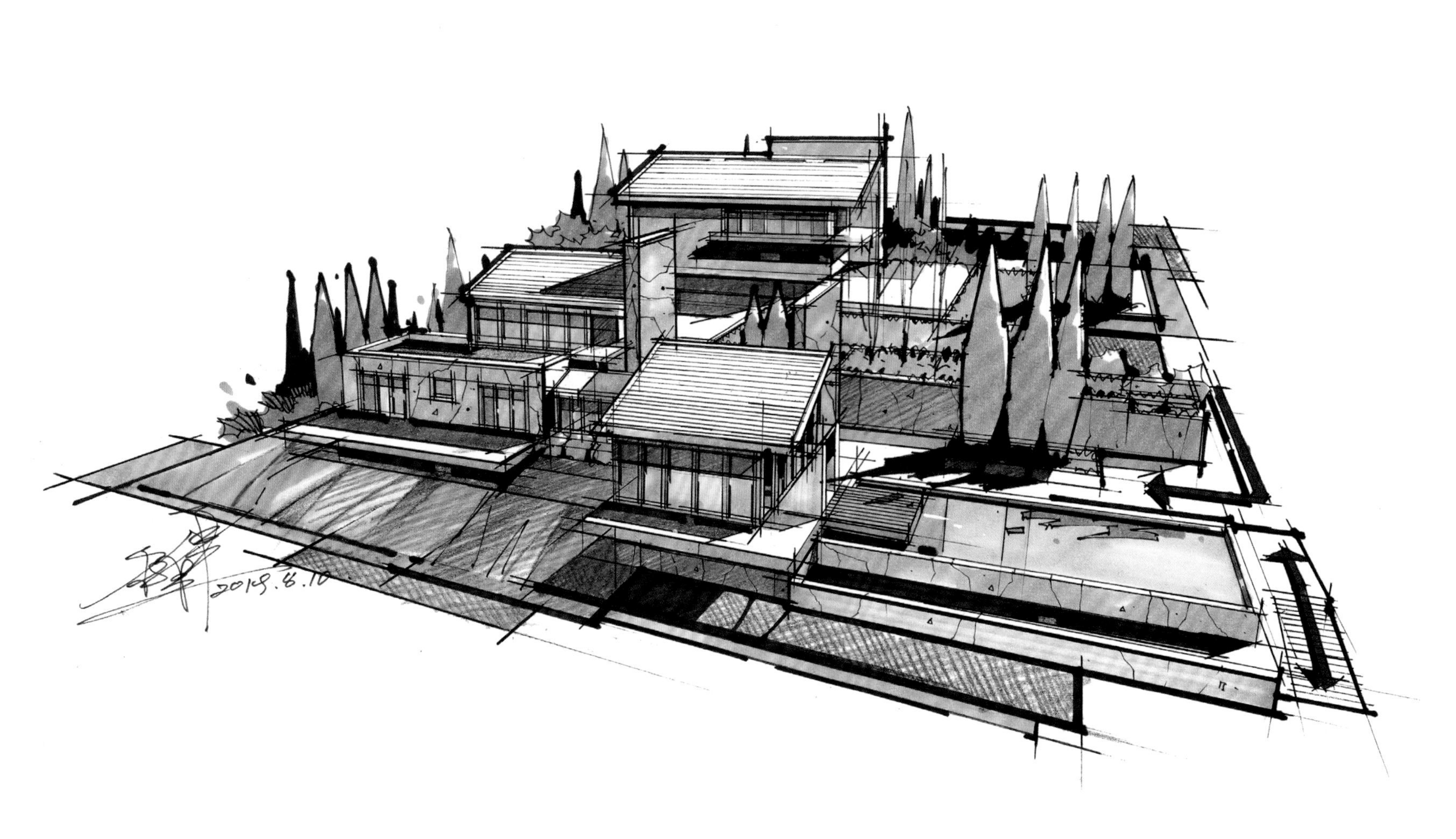

2020.2.18.

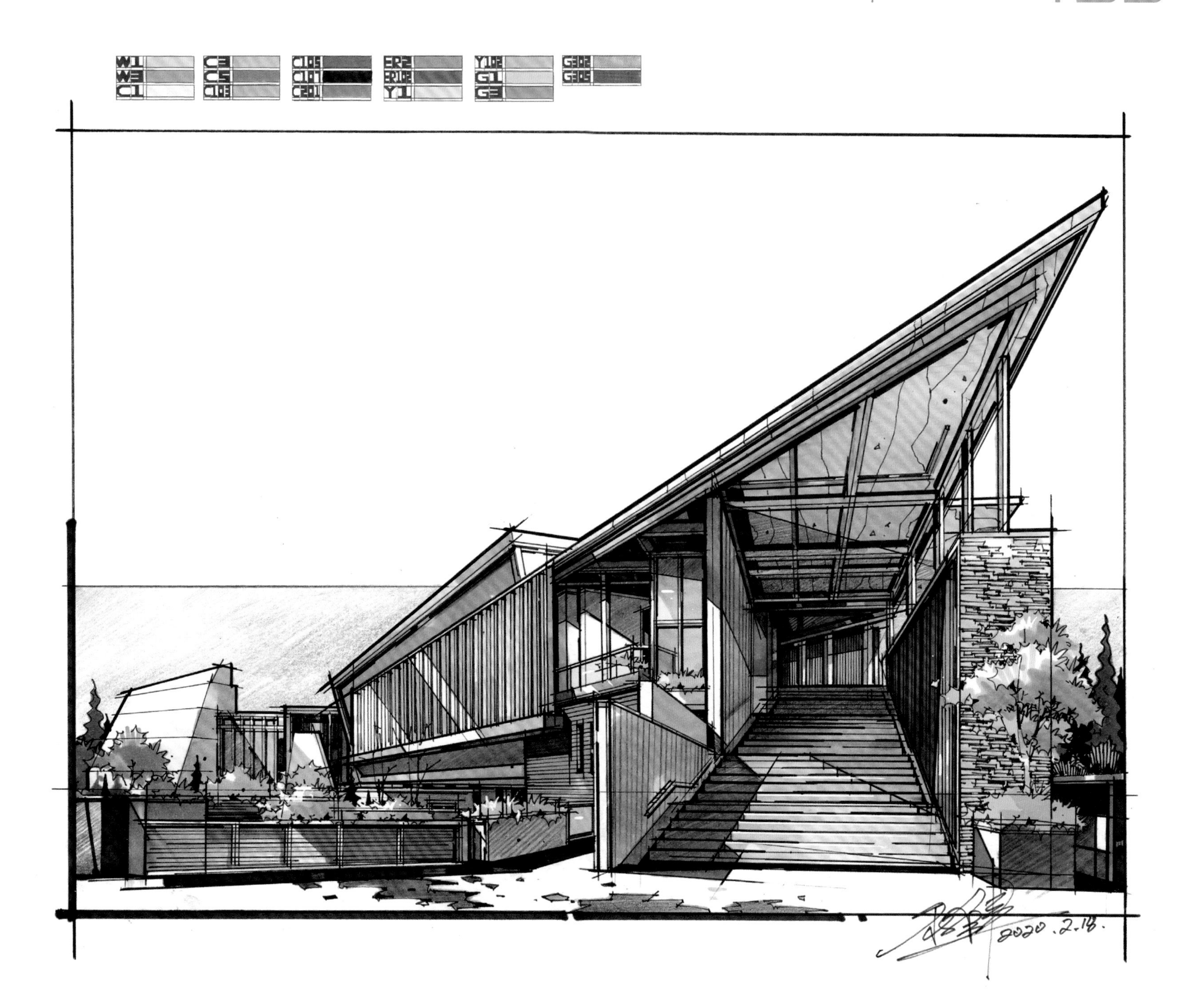
W1
W3
C1
C3
C5
C103
C105
C107
C201
ER2
ER102
Y1
Y102
G1
G3
G302
G305
2020.2.18.

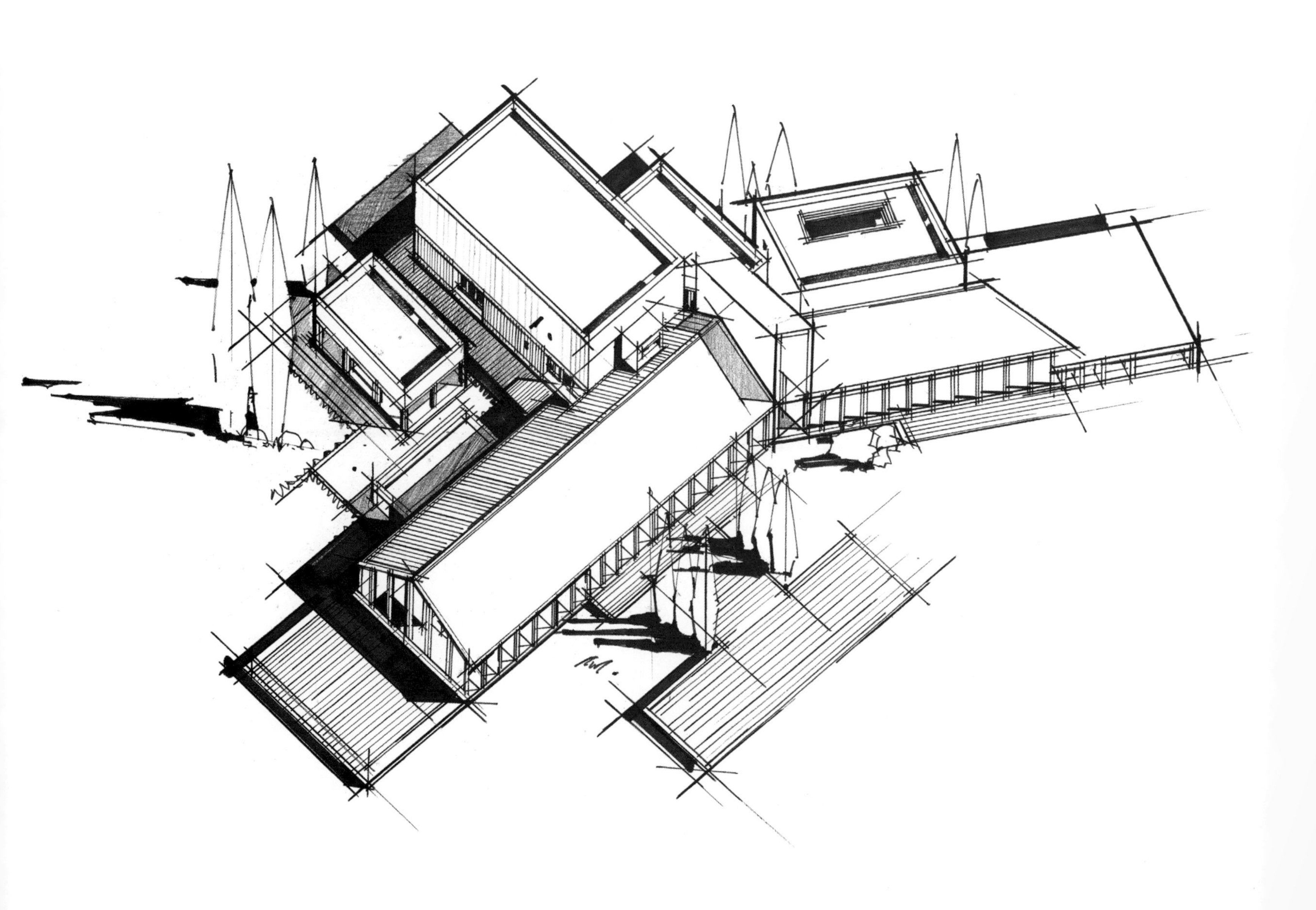

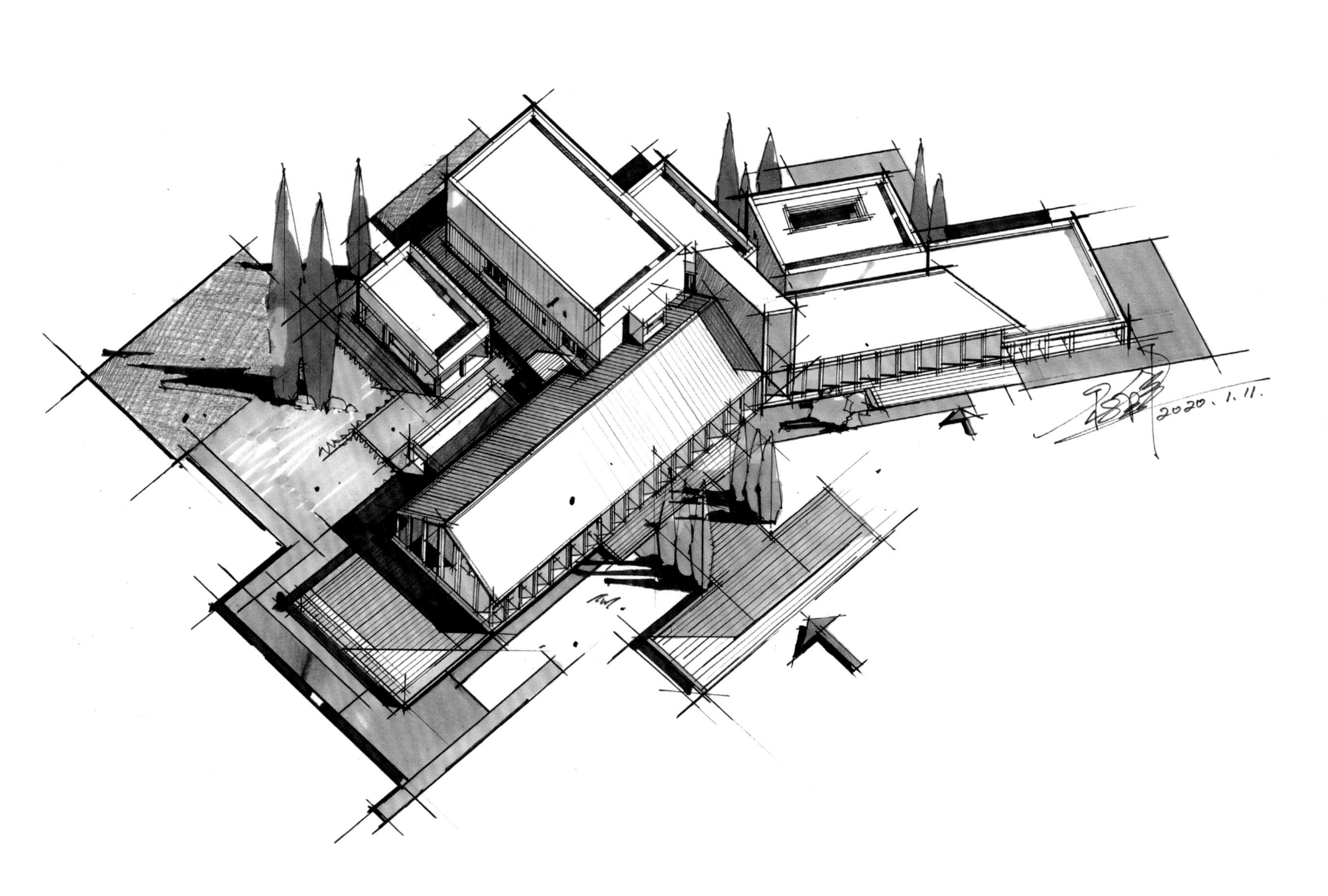
2020.1.11.

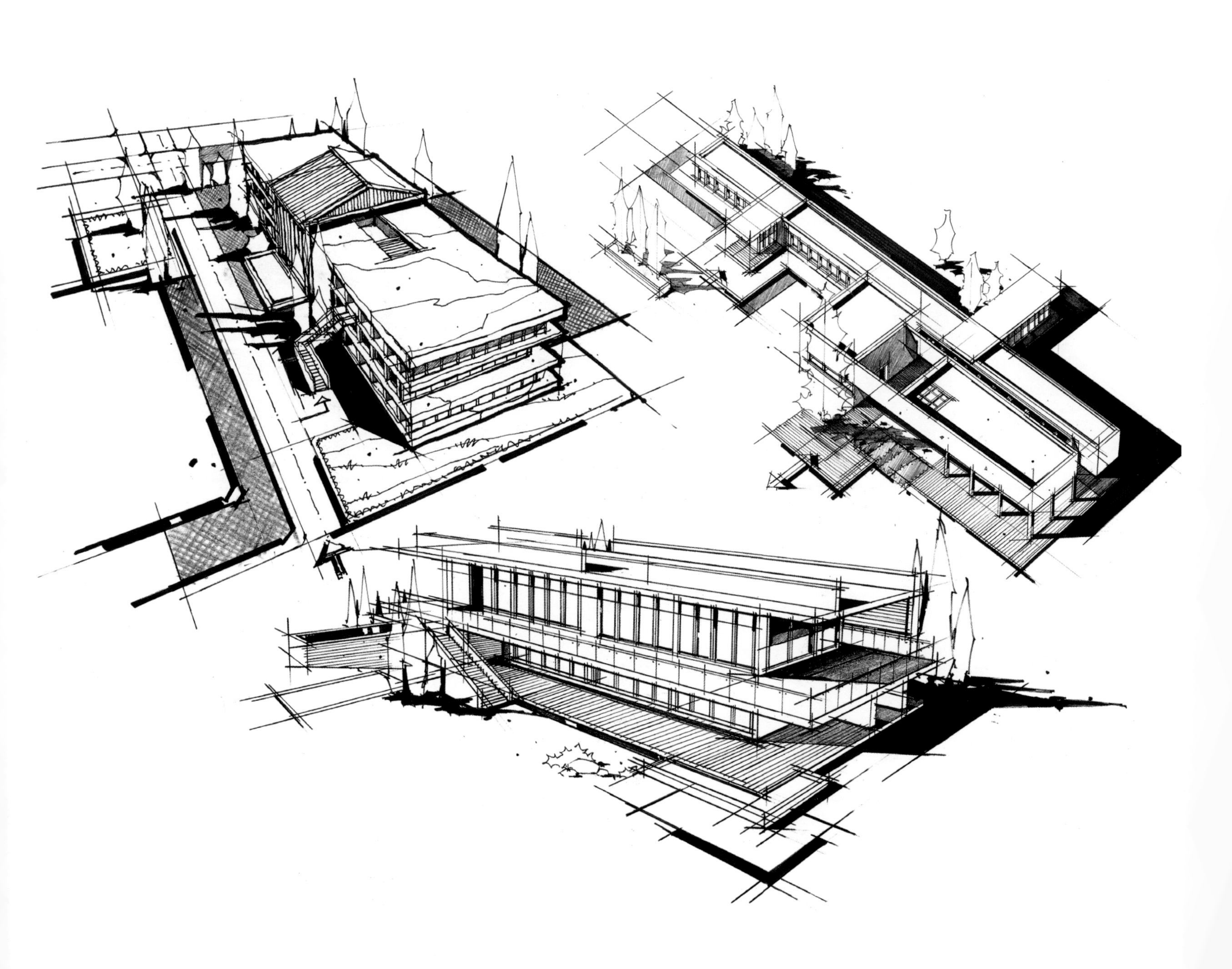

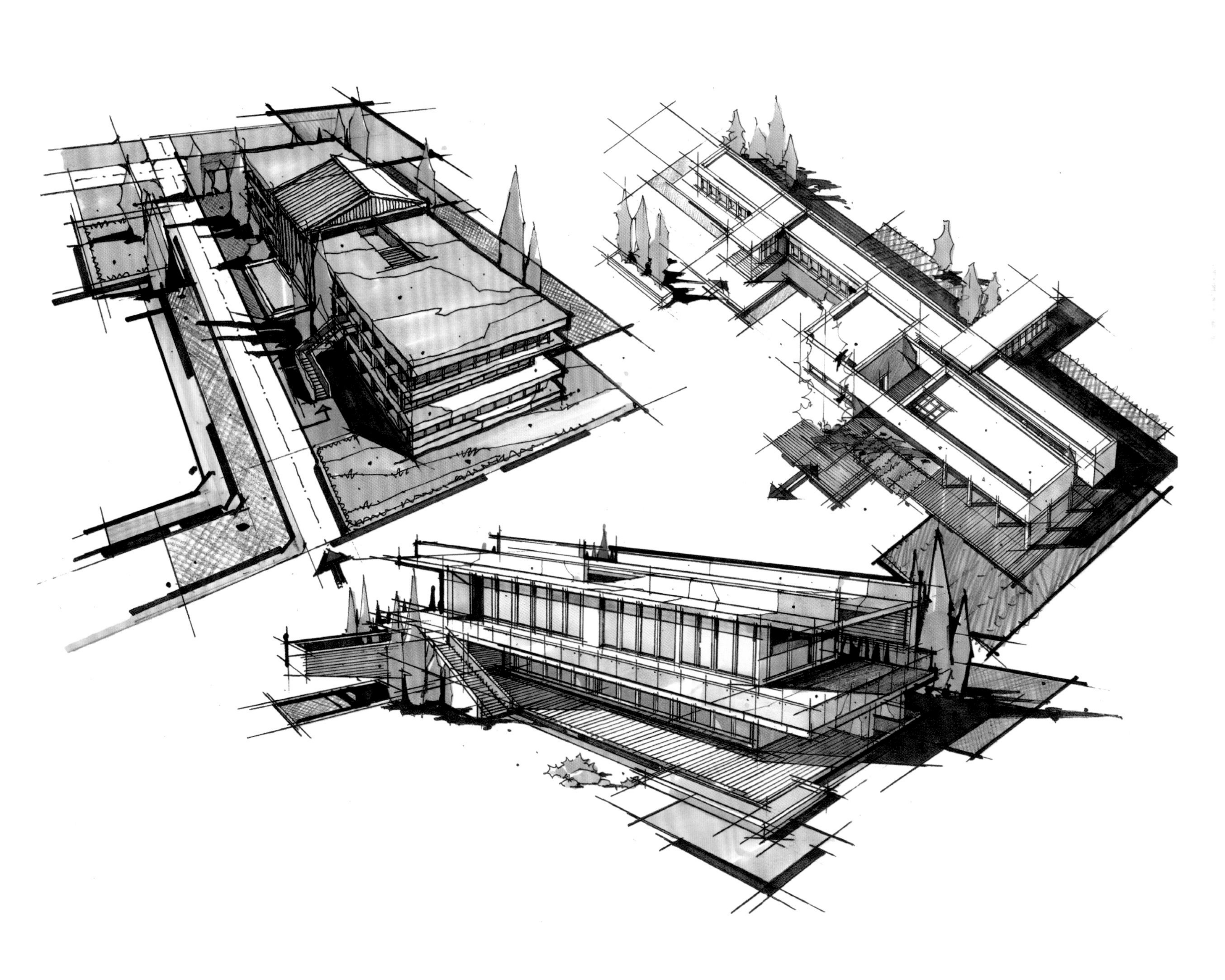

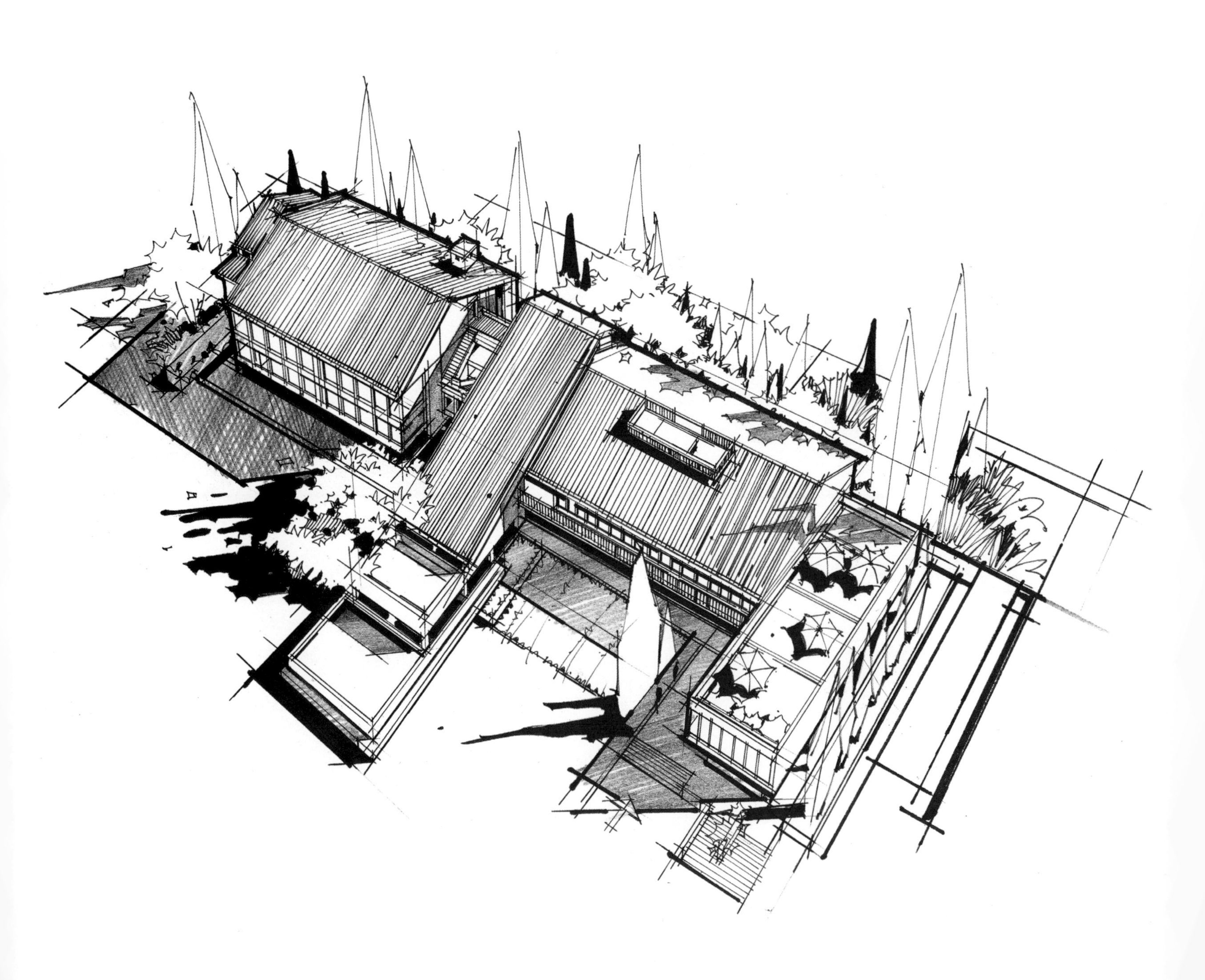

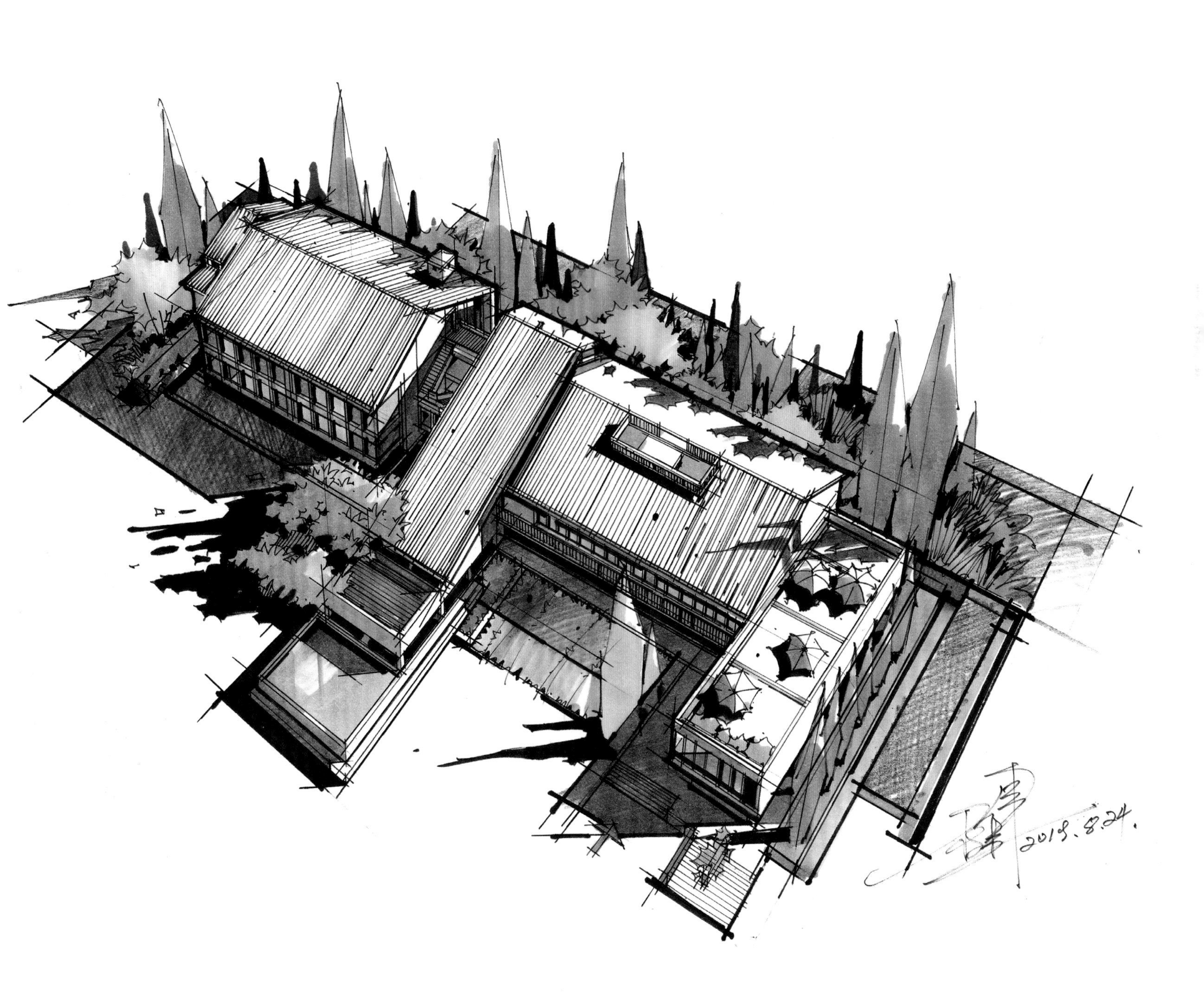

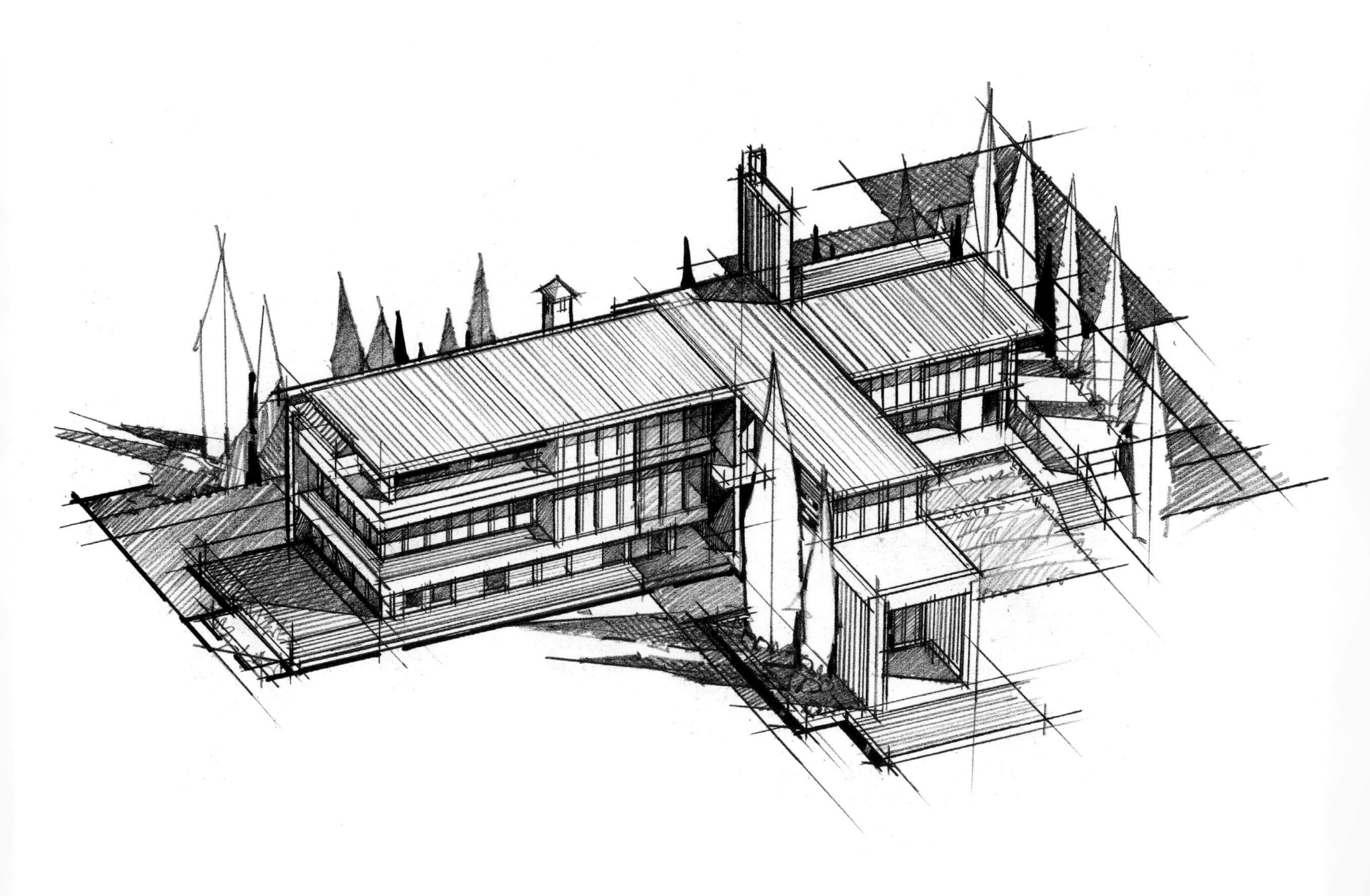

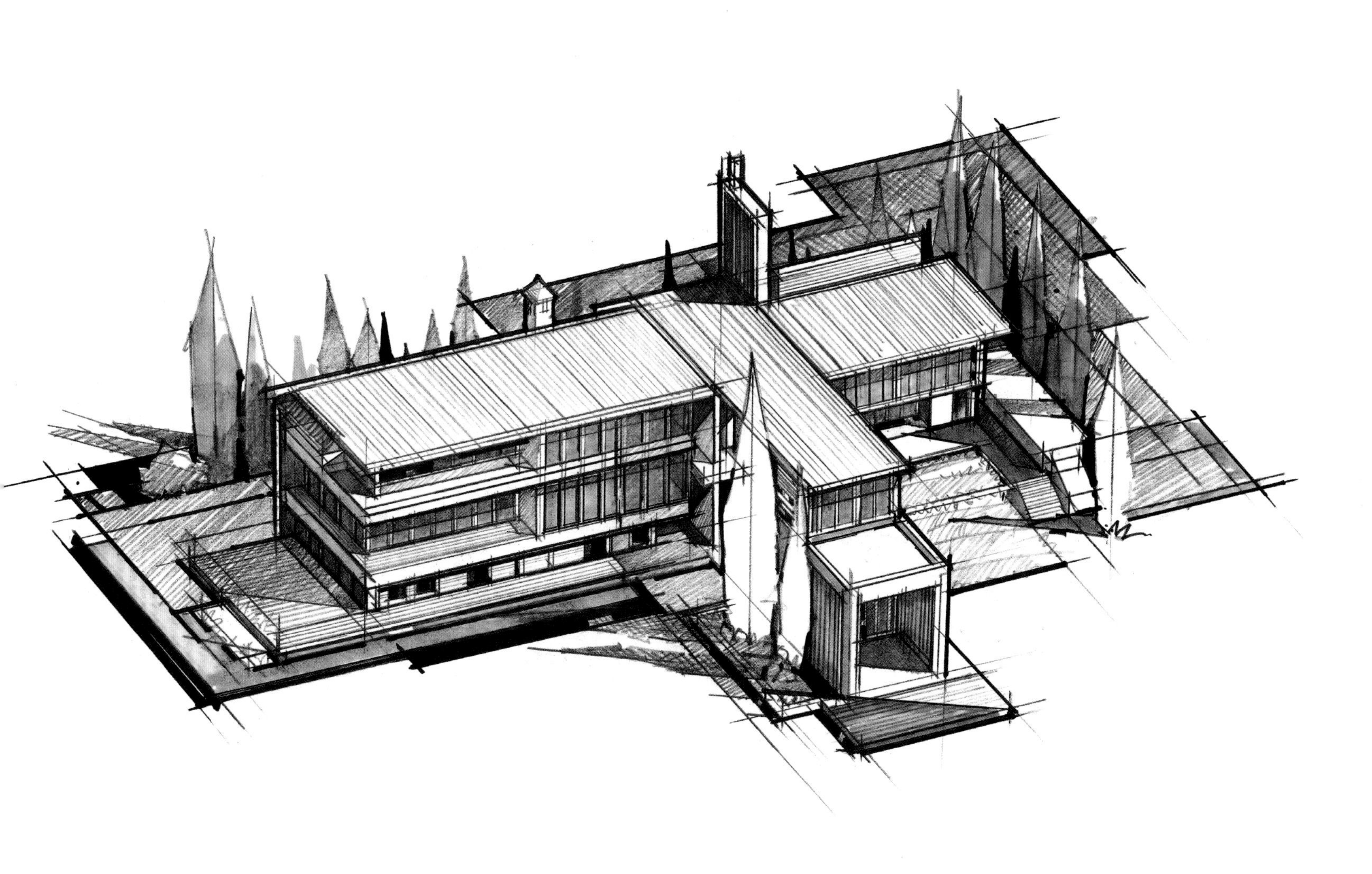

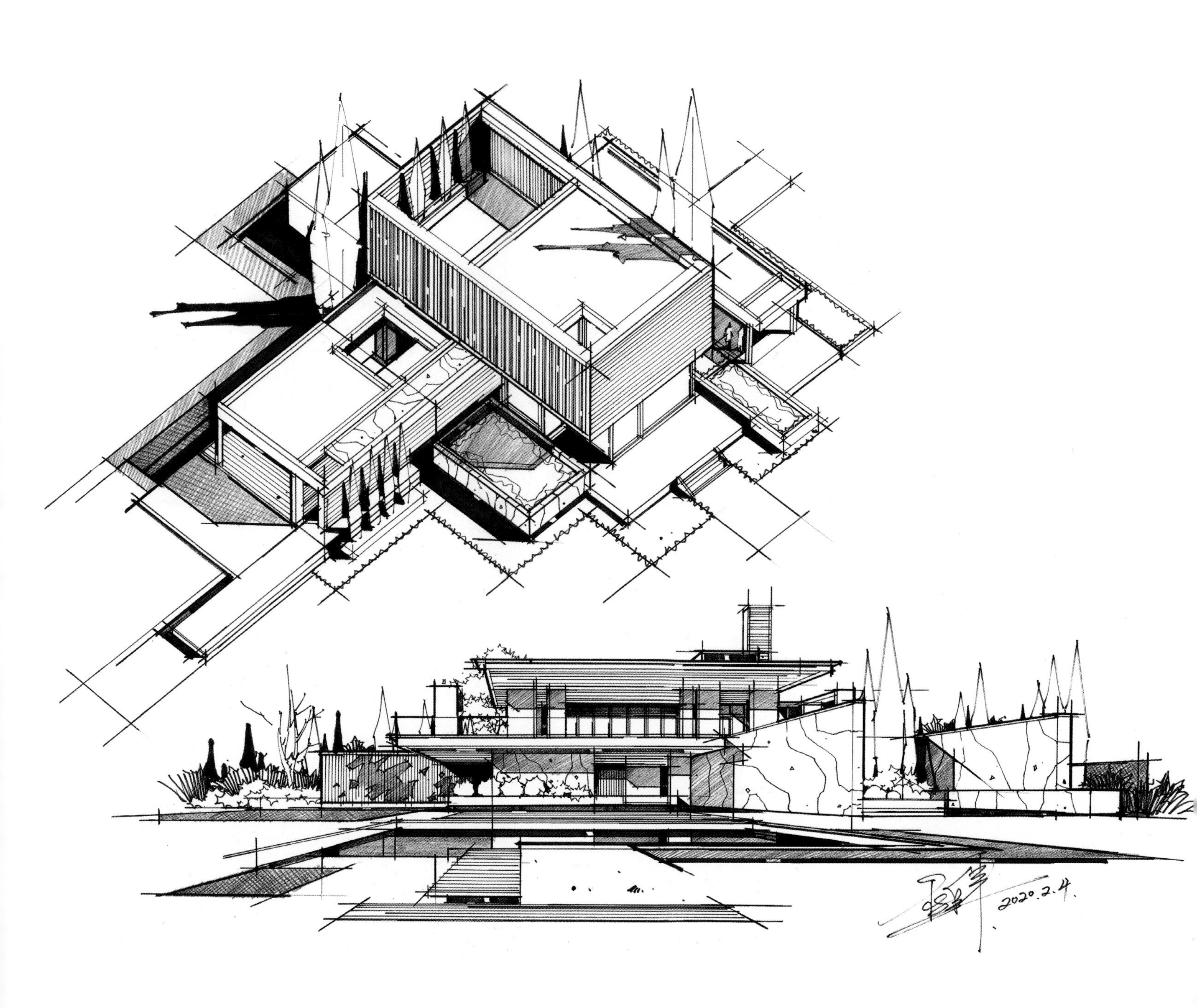
2020.2.4.

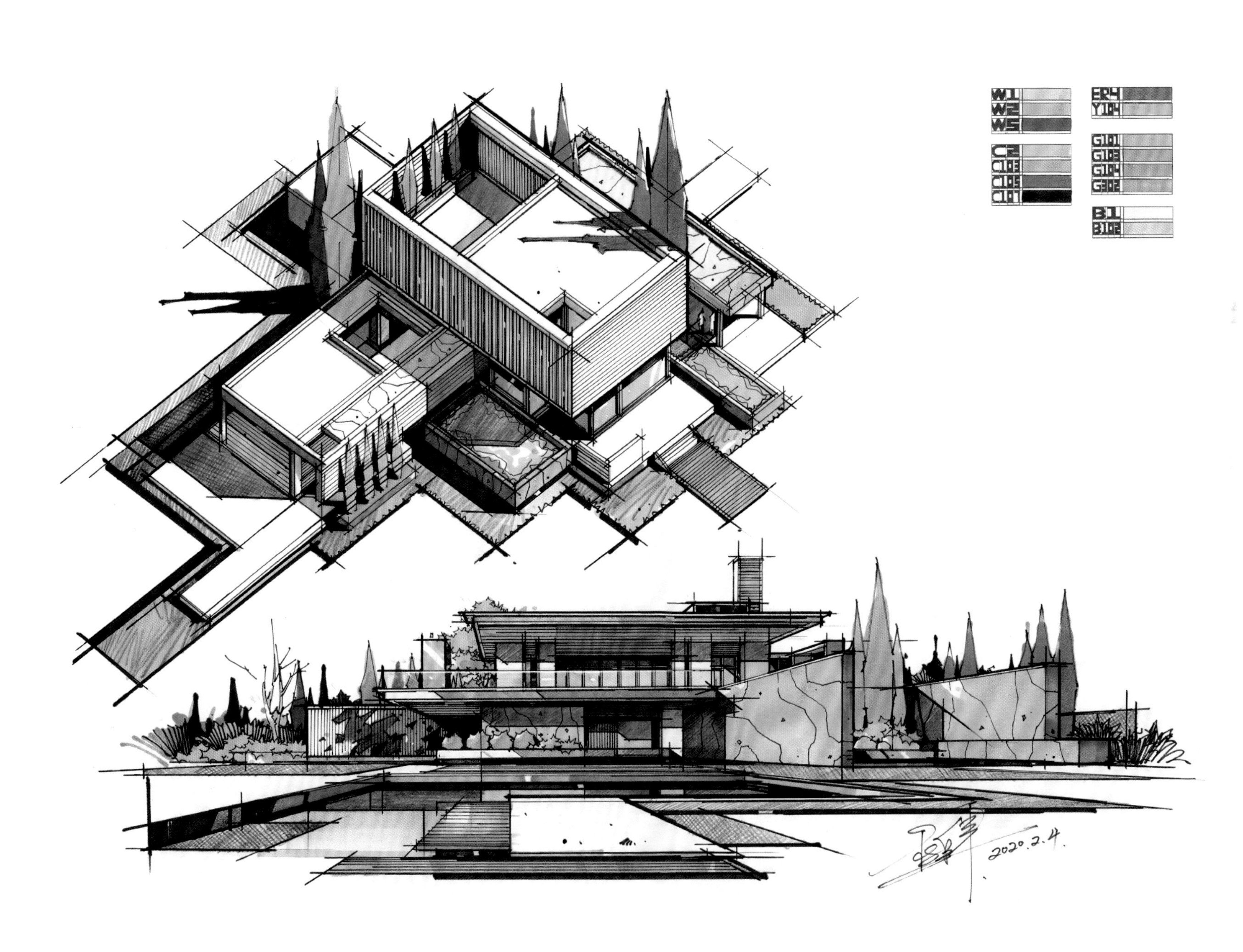
W1
W2
W5
C2
C103
C105
C107
ER4
Y104
G101
G103
G104
G302
B1
B102
2020.2.4.

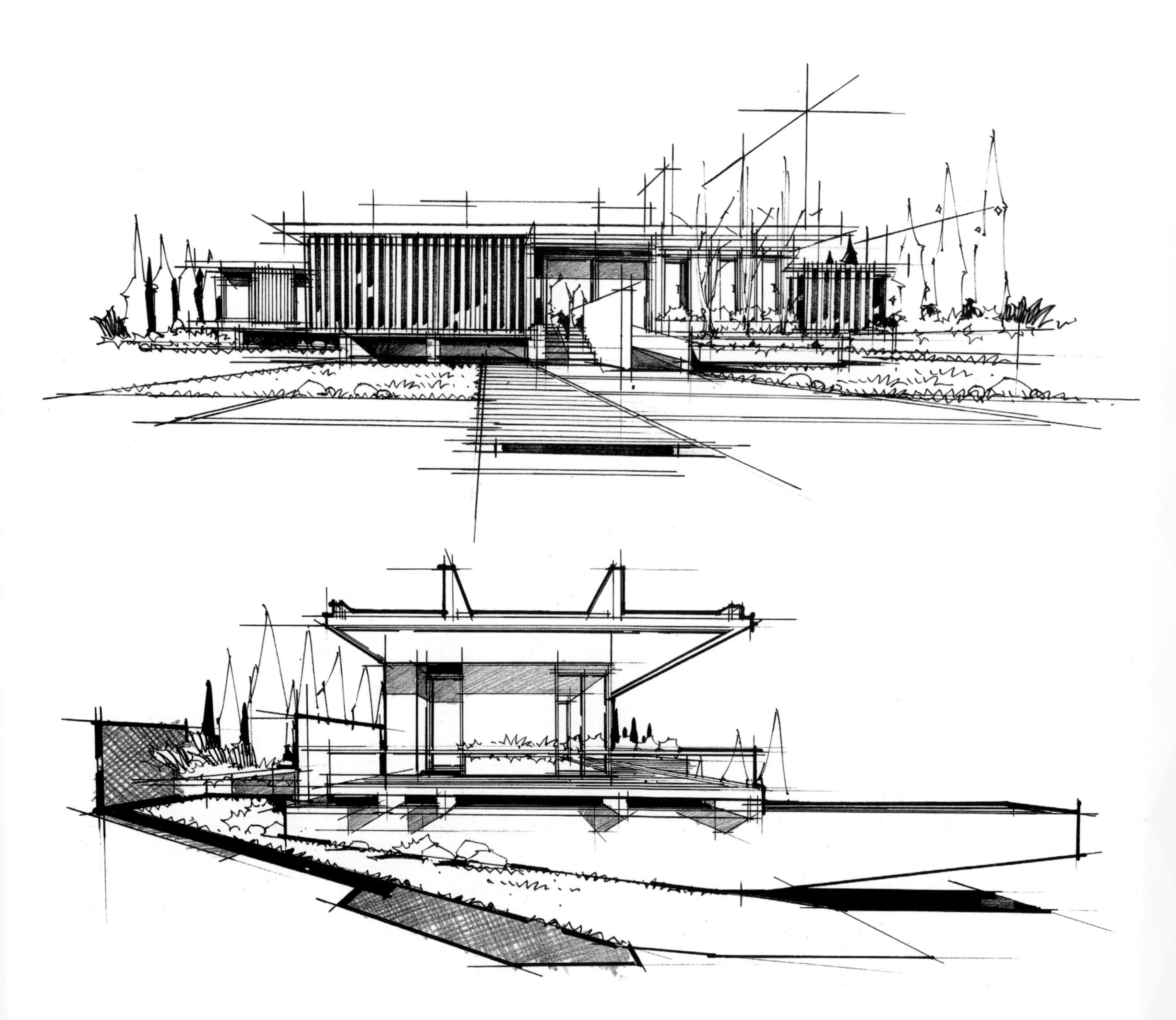

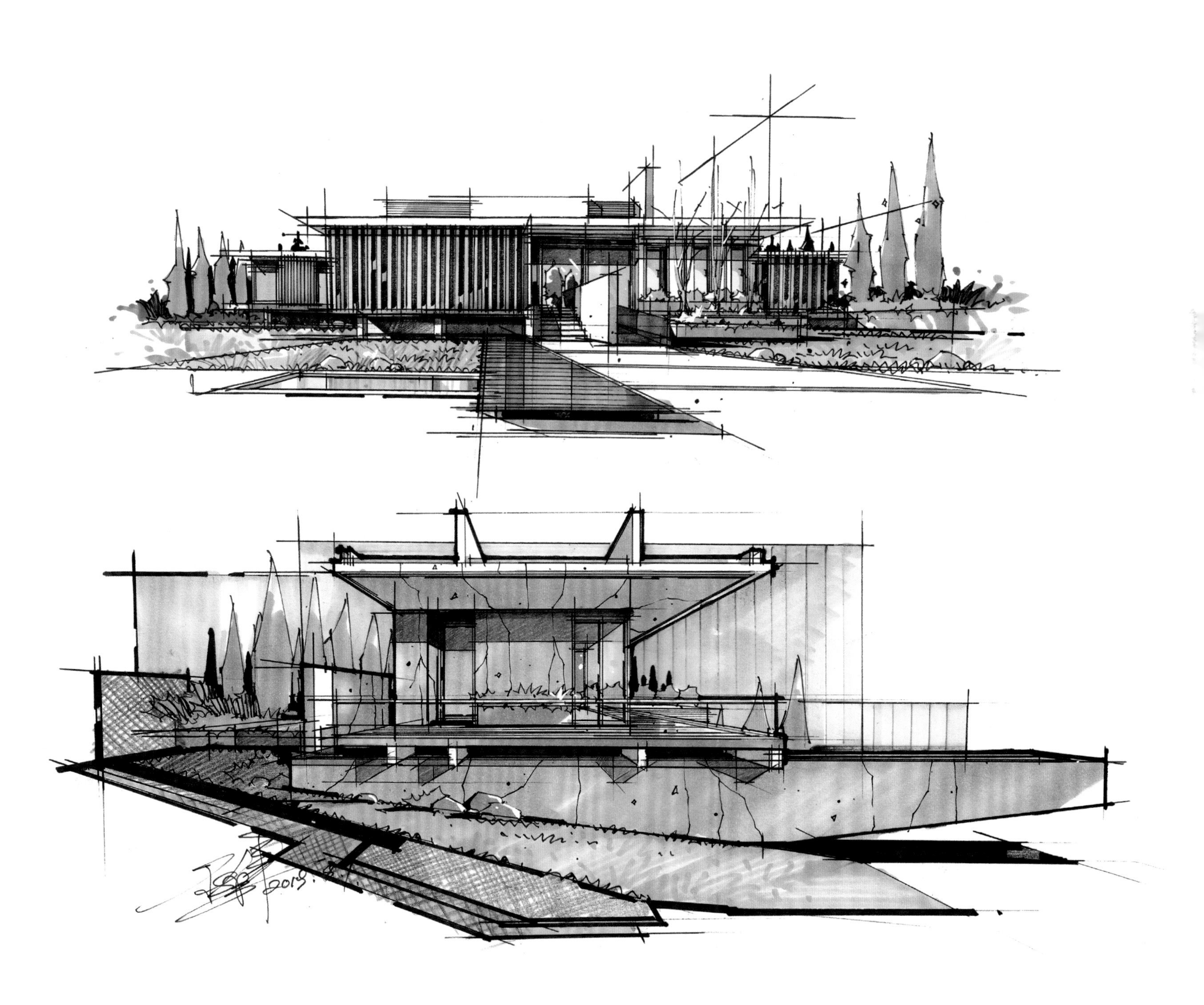

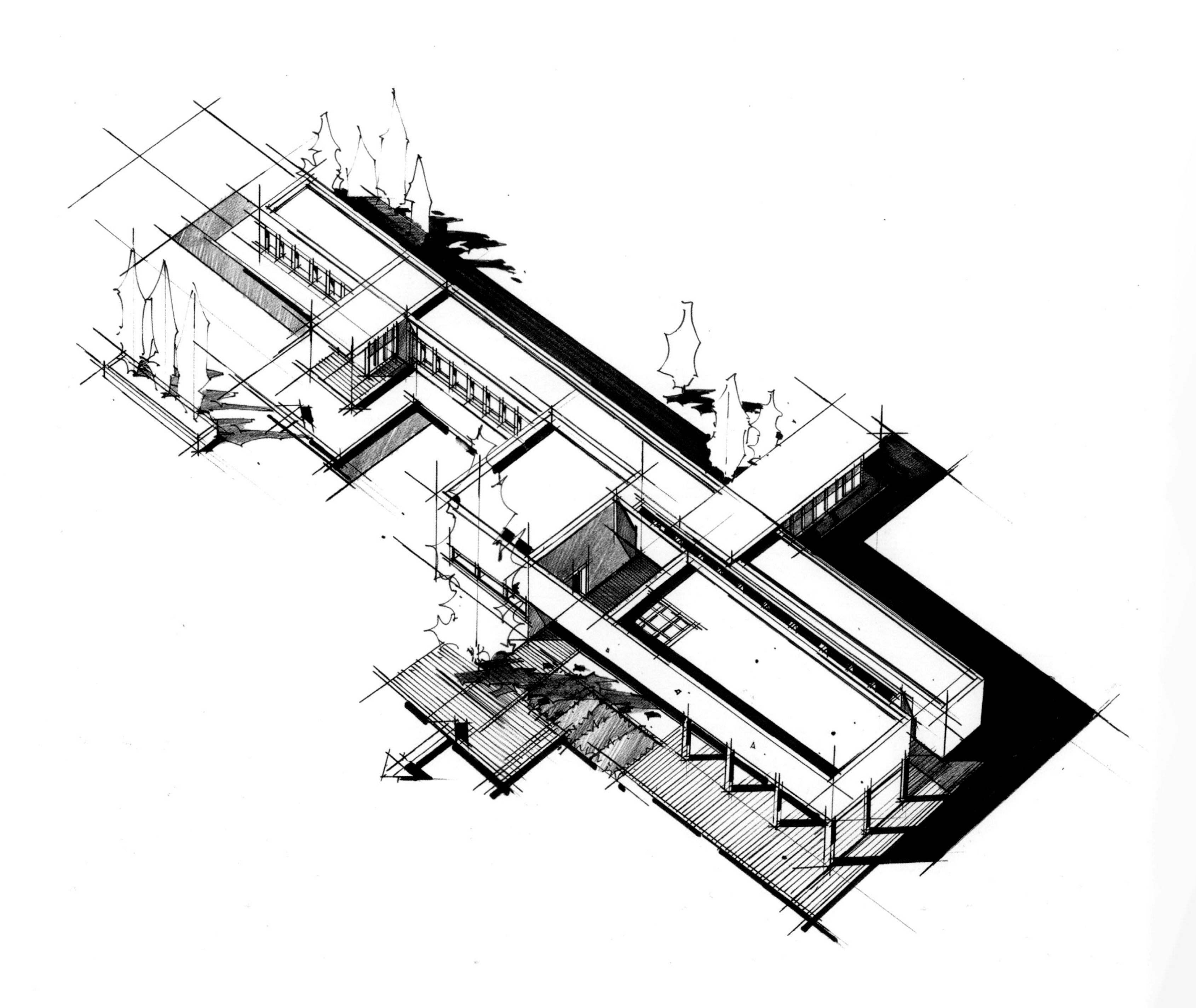

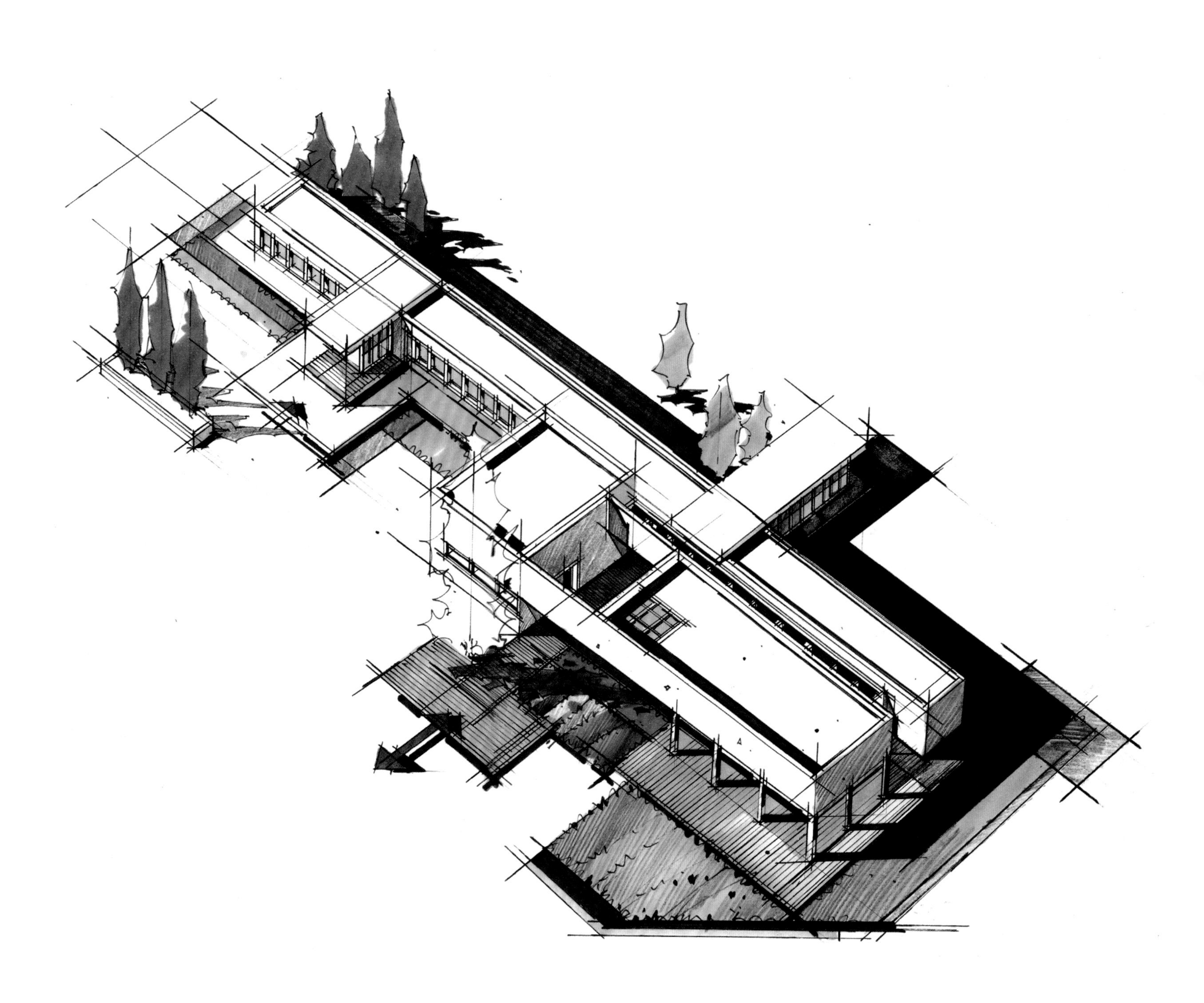

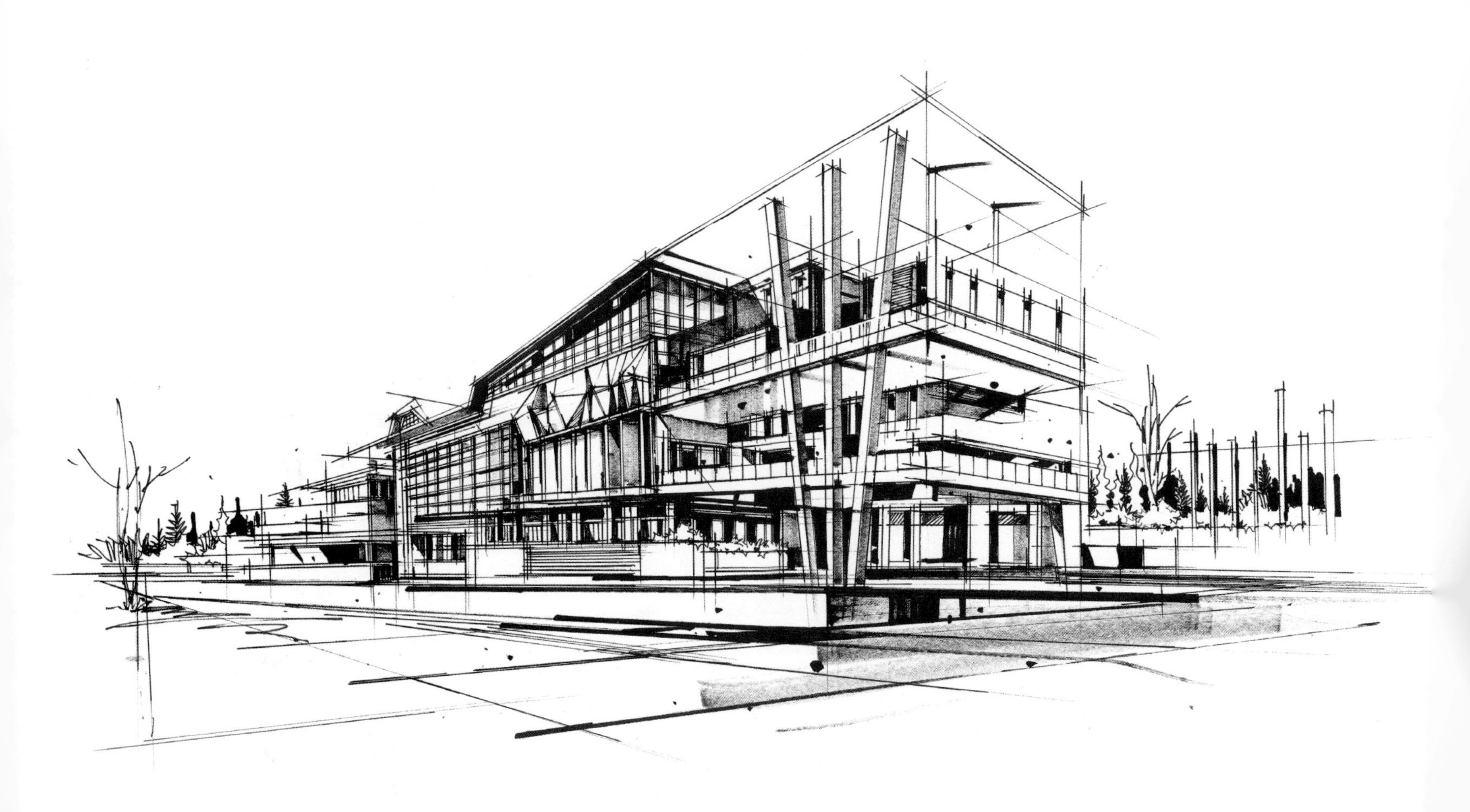

2016.7.24.

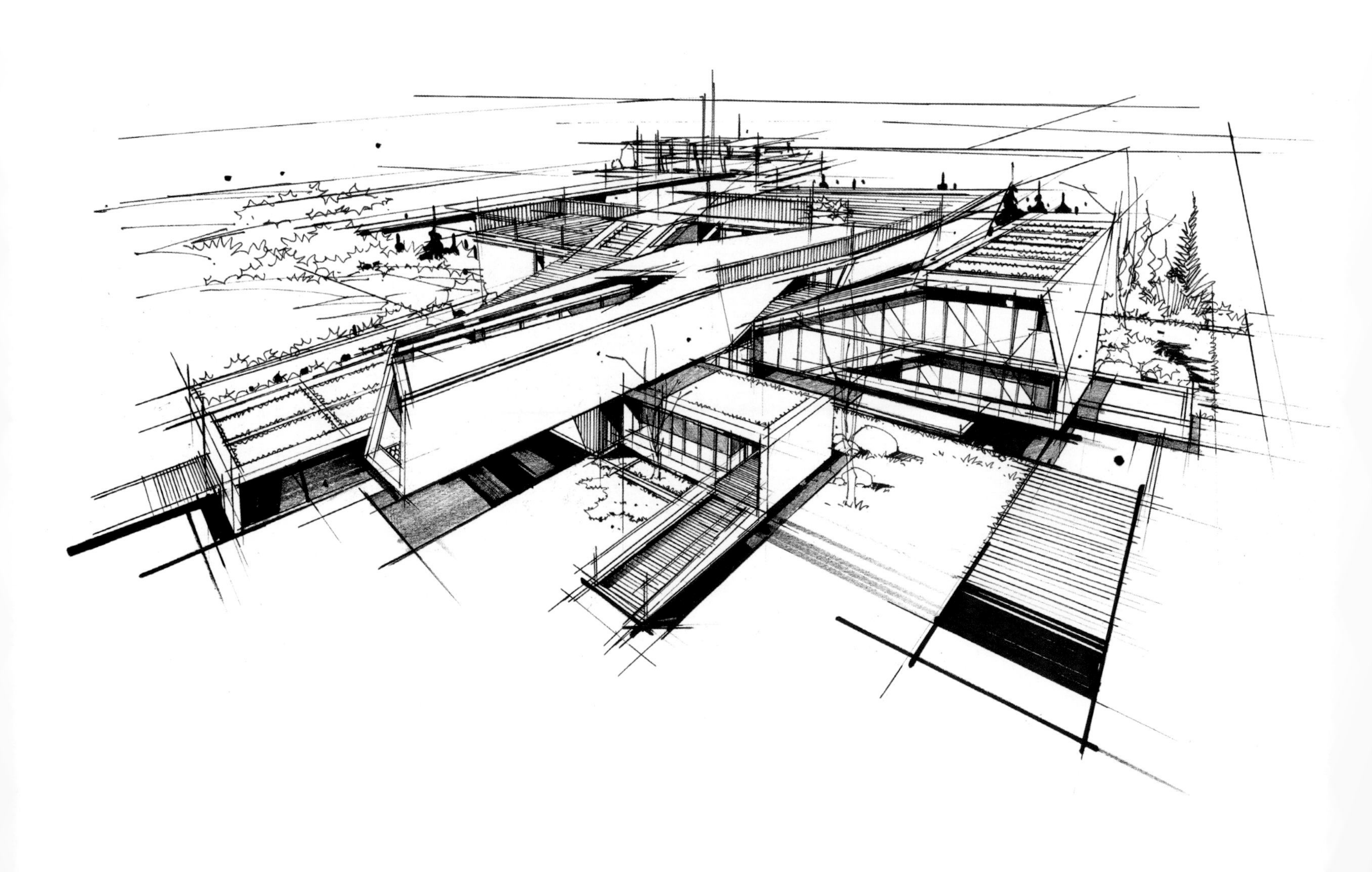

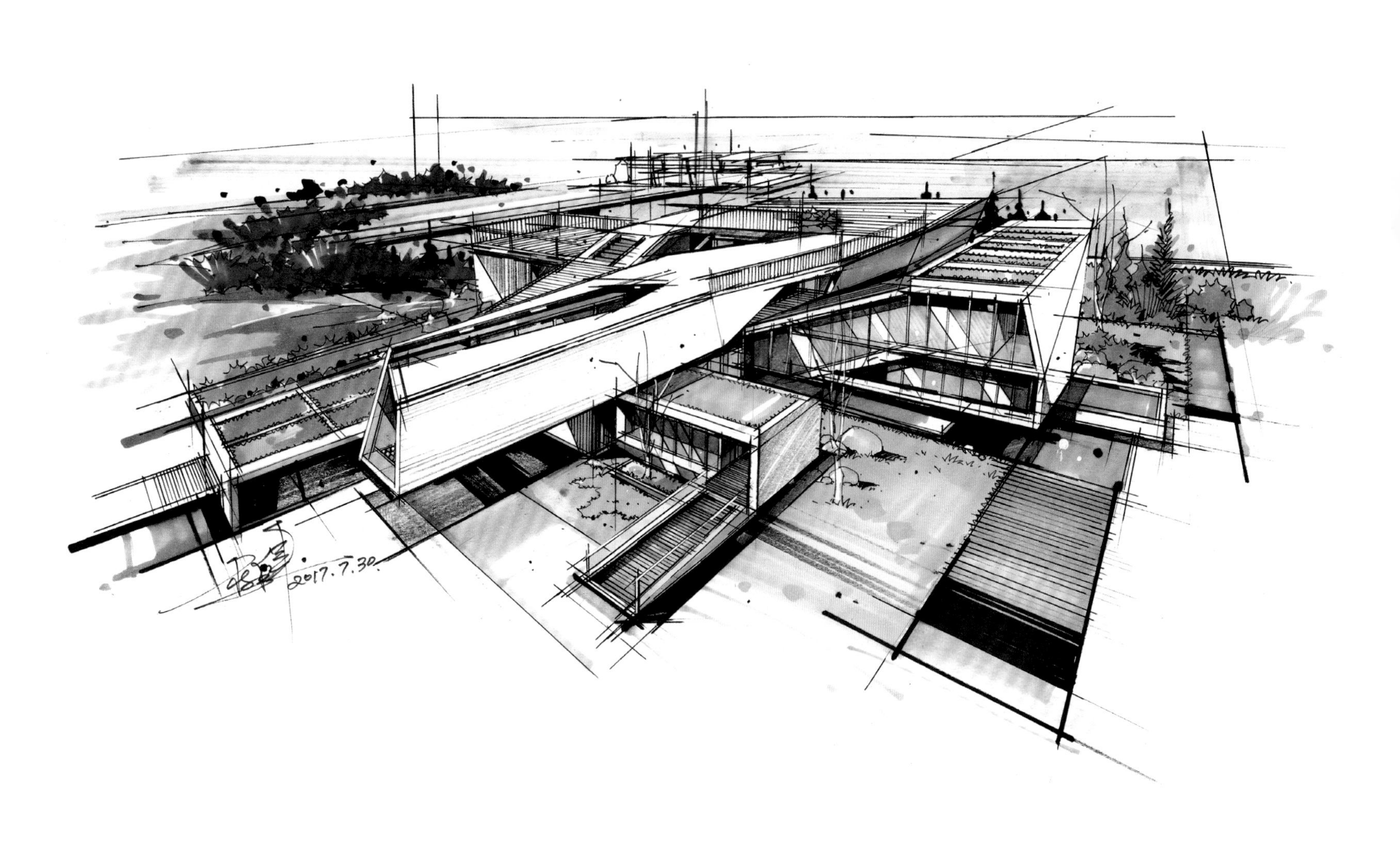
2017.7.30

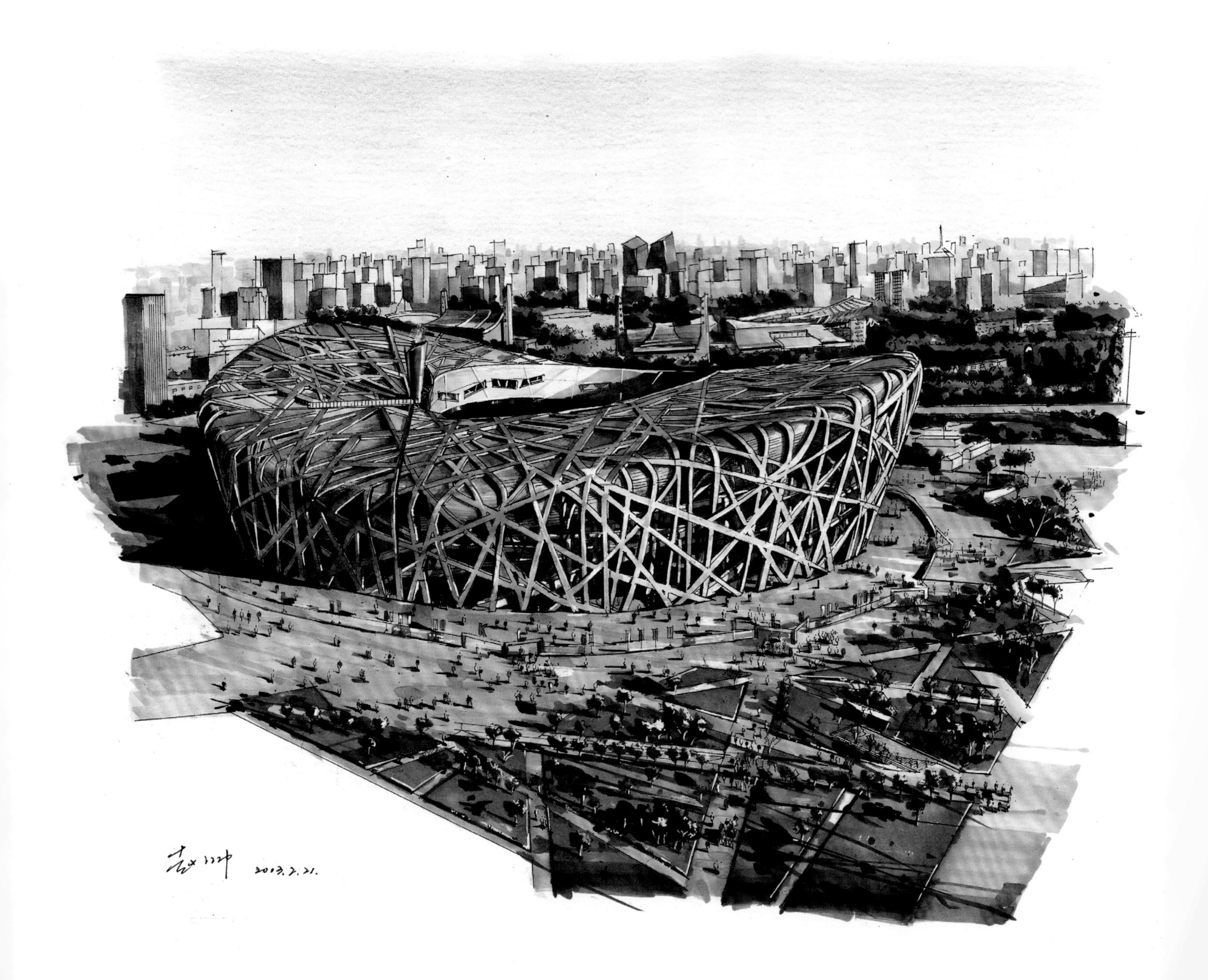

2017. 12. 5.

2017.10.23.

2015. 6.23.

2018.12.8.

設計家
905
卓越
169

設計家
905

方案、快题作品

▲别有洞天——生态保护展馆大厅效果图
2010年第五届“WA·总统家杯”建筑手绘设计大赛
卓越手绘杜健老师荣获设计师组一等奖

▲别有洞天——生态保护展馆建筑入口效果图
2010年第五届“WA · 总统家杯”建筑手绘设计大赛
卓越手绘杜健老师荣获设计师组一等奖

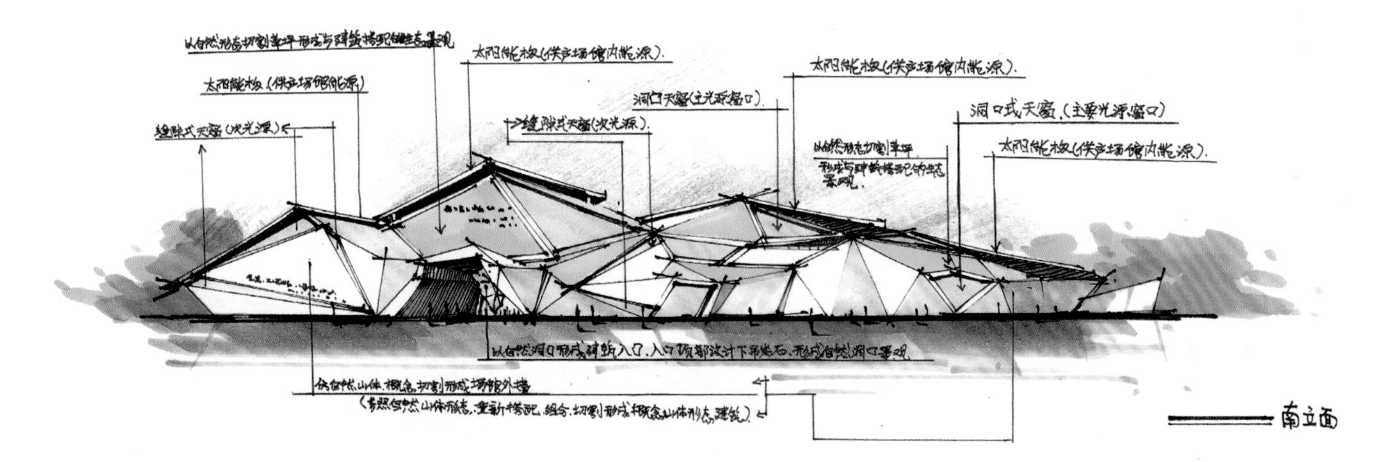

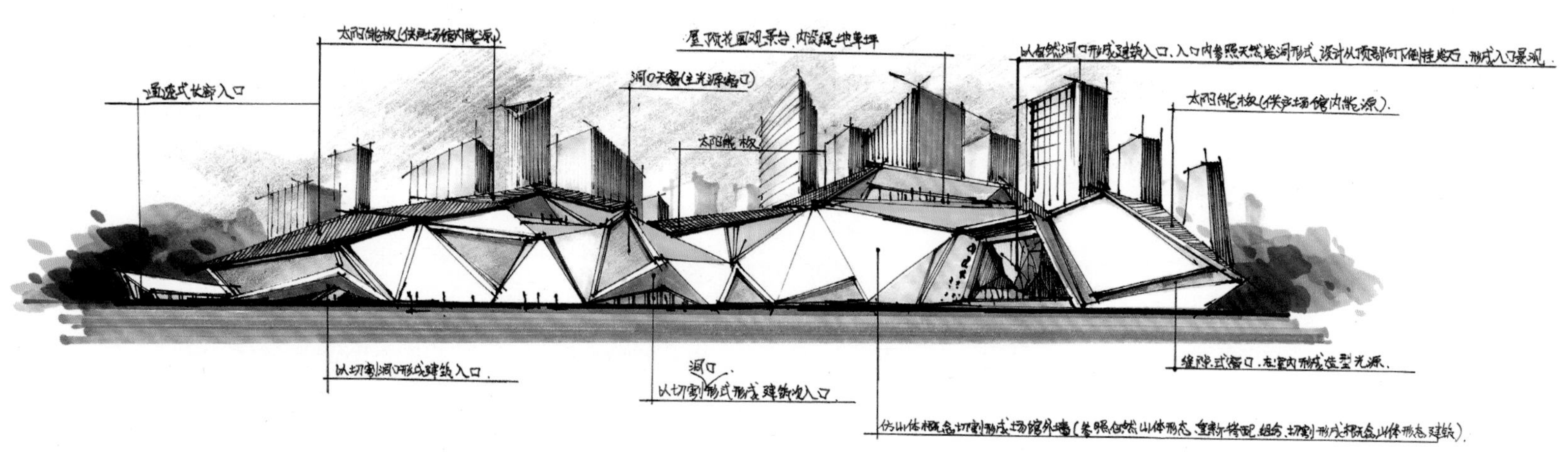

▲别有洞天——生态保护展馆立面图
2010年第五届“WA·总统家杯”建筑手绘设计大赛
卓越手绘杜健老师荣获设计师组一等奖

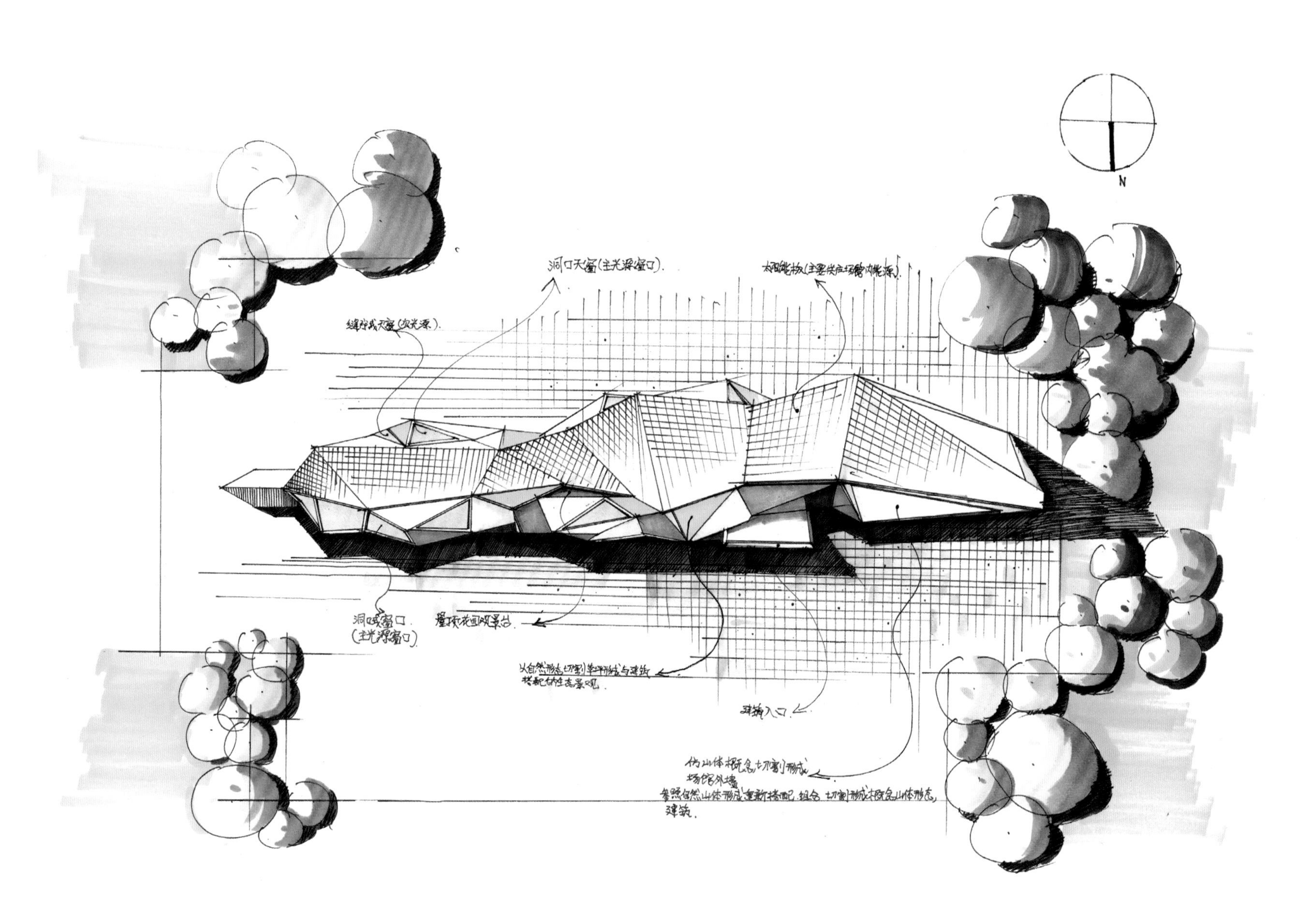

▲别有洞天——生态保护展馆平面图
2010年第五届“WA·总统家杯”建筑手绘设计大赛
卓越手绘杜健老师荣获设计师组一等奖

設計說明

别有洞天——生态保护展馆设计方案

沉意蕴之山，拾灵秀之光，洞成若然，宛自天开。

以“山体”“天光”立意，以“环保”“低碳”为主题，自初始的洞体形态展望未来的天地。

山体：自然山体形态作为設計基础，将元素抽象形成概念山体洞口式建筑，辅以太阳能板，屋顶观景台及斜坡式草坪，自然生态与现代科技得以在此建筑之中交融默契。

天光：通过精心地切割窗，光影在建筑内部形成序列，引导人流，也使建筑变得柔和生动。阳光如点点星辰璀璨入内，如画如卷，让人在斑驳层叠间溯回流连。

▲别有洞天——生态保护展馆设计说明
2010年第五届“WA·总统家杯”建筑手绘设计大赛
卓越手绘杜健老师荣获设计师组一等奖

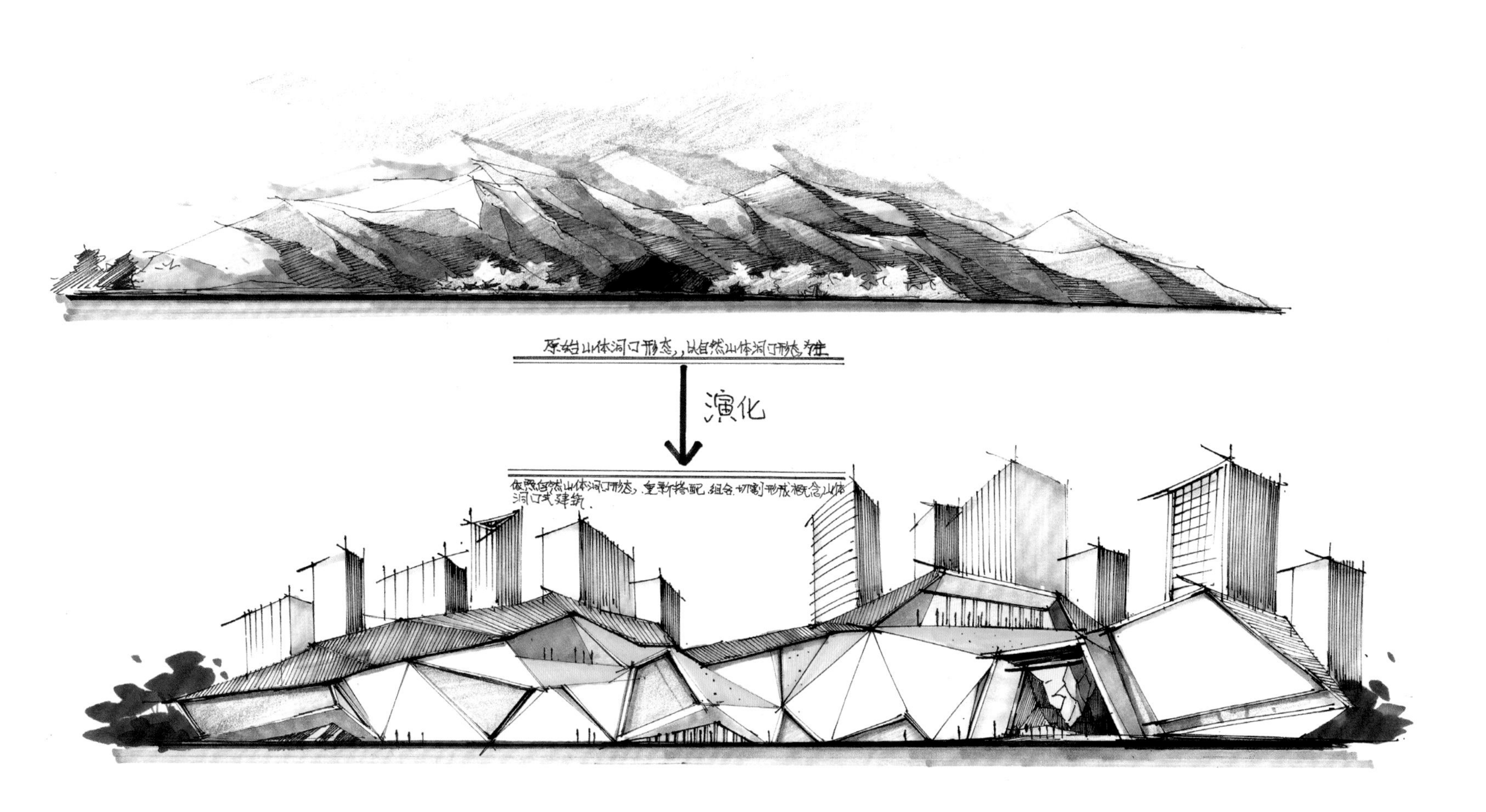

▲别有洞天——生态保护展馆设计演化
2010年第五届“WA·总统家杯”建筑手绘设计大赛
卓越手绘杜健老师荣获设计师组一等奖

▲别有洞天——生态保护展馆外观效果图
2010年第五届“WA · 总统家杯”建筑手绘设计大赛
卓越手绘杜健老师荣获设计师组一等奖

木格栅
庭院休闲区
入口局部透视图
木制铺装
主体建筑透视图

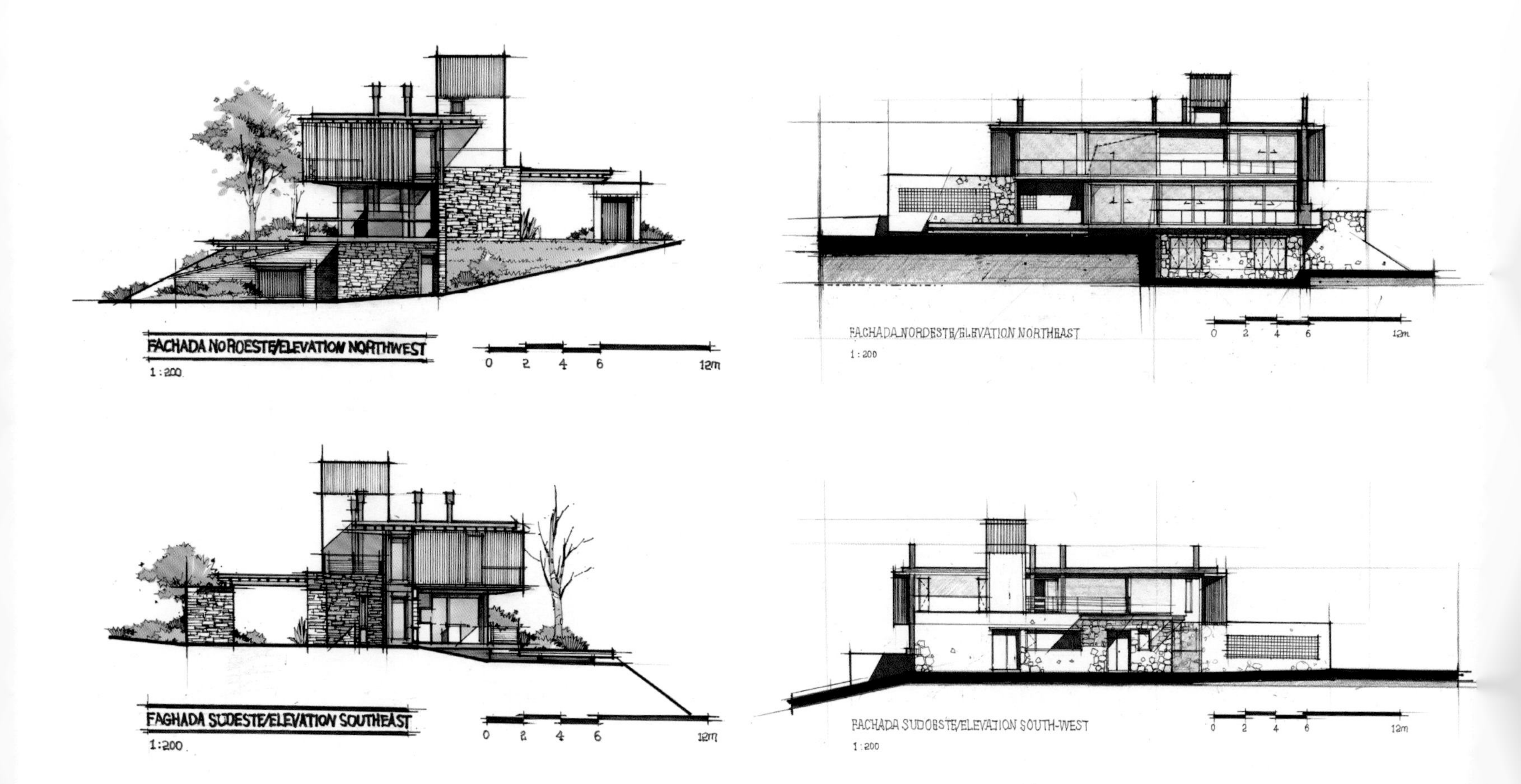
FACHADA NOROESTE/ELEVATION NORTHWEST
1:200
0 2 4 6 12m
FACHADA NORDESTE/ELEVATION NORTHEAST
1:200
0 2 4 6 12m
FAGHADA SUDESTE/ELEVATION SOUTHEAST
1:200
0 2 4 6 12m
FACHADA SUDOESTE/ELEVATION SOUTH-WEST
1:200
0 2 4 6 12m

2019.4.20.

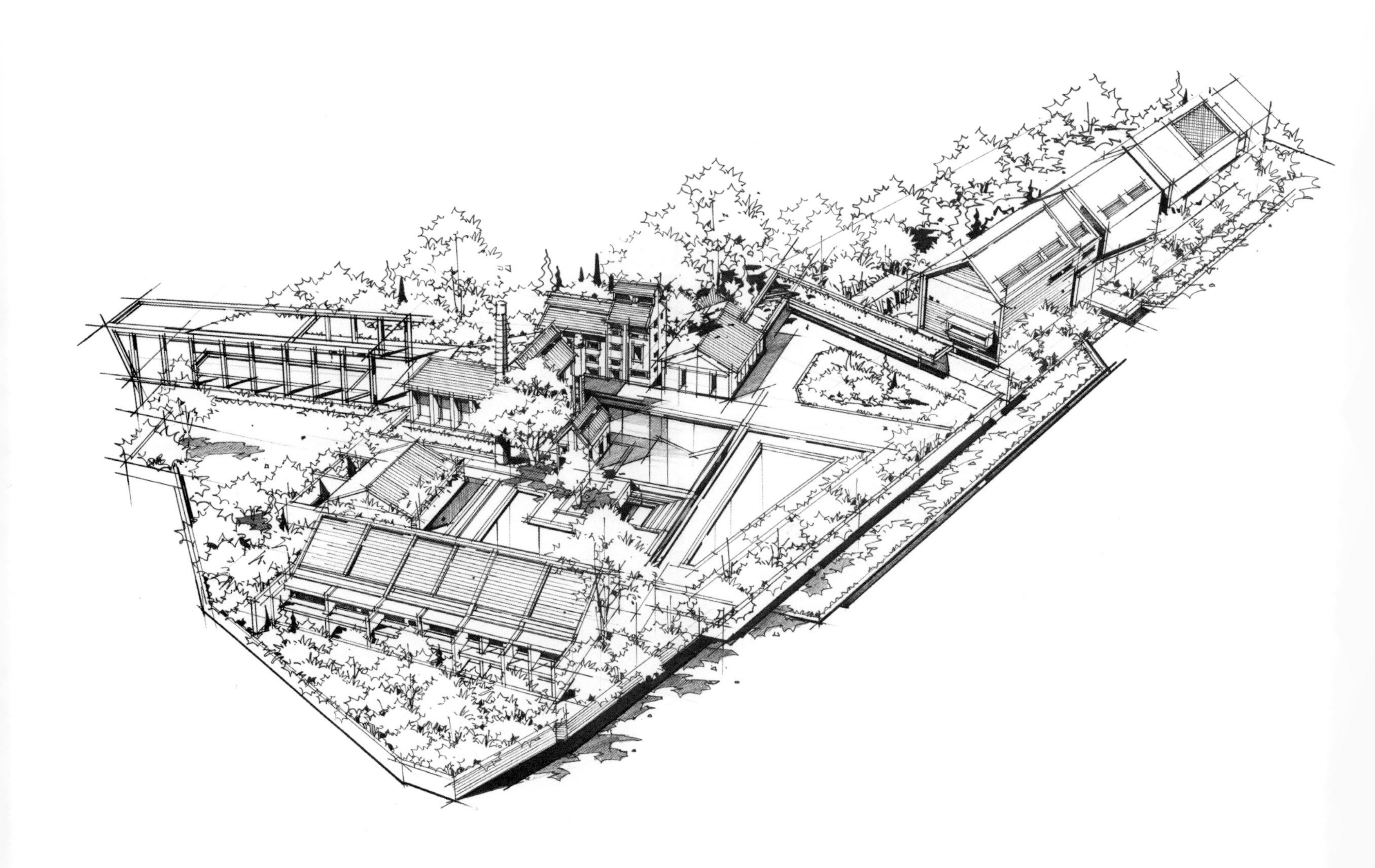

▲阿丽拉糖舍酒店案例抄绘

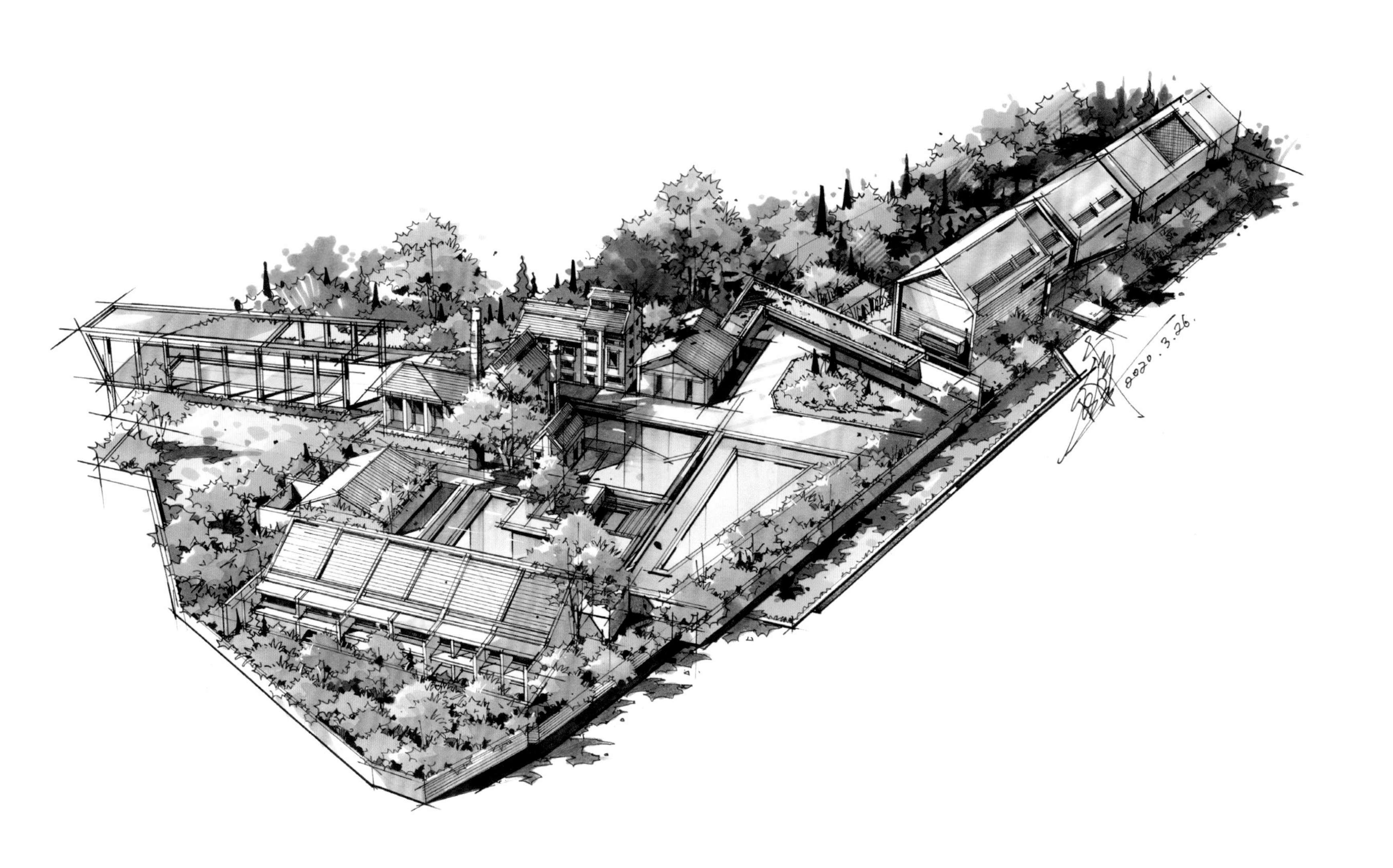

▲阿丽拉糖舍酒店案例抄绘

▲阿丽拉糖舍酒店案例抄绘

▲阿丽拉糖舍酒店案例抄绘

▲阿丽拉糖舍酒店案例抄绘

▲阿丽拉糖舍酒店案例抄绘

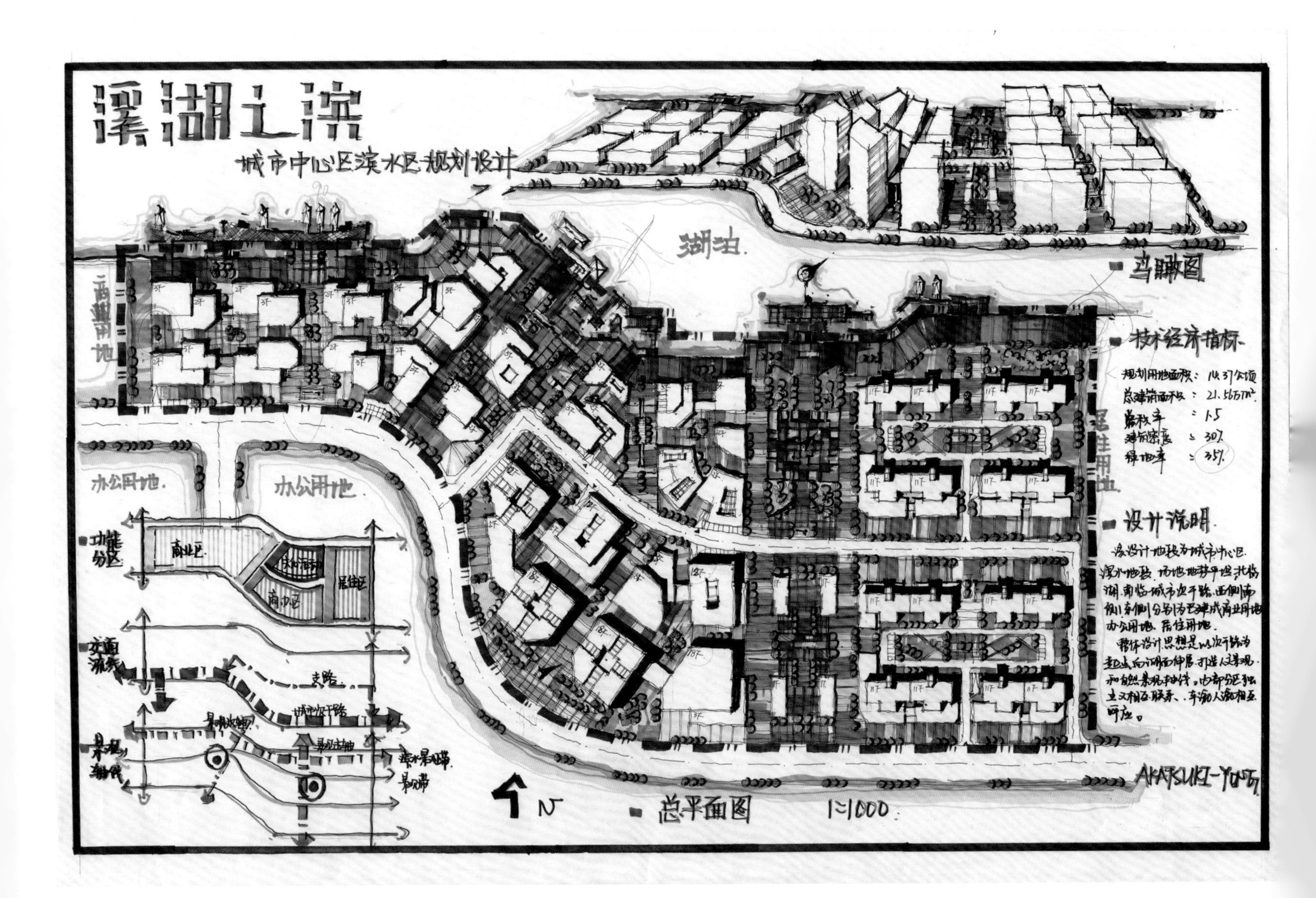
溪湖之滨
城市中心区滨水区规划设计
湖泊
鸟瞰图
商业用地
办公用地
办公用地
居住用地
技术经济指标
规划用地面积：14.37公顷
总建筑面积：21.56万m²
容积率 = 1.5
建筑密度 = 30%
绿地率 = 35%
设计说明
该设计地段为城市中心区滨水地段，场地地势平坦，北临湖，南临城市次干路，西侧南侧、东侧分别为已建成商业用地、办公用地、居住用地。
整体设计思想是以次干路为起点向湖面伸展，打造人文景观和自然景观轴线，内部分区独立又相互联系、车流人流相互呼应。
功能分区
商业区
居住区
交通流线
支路
城市次干路
景观轴线
景观主轴
AKATSUKI-YU
N
总平面图 1:1000

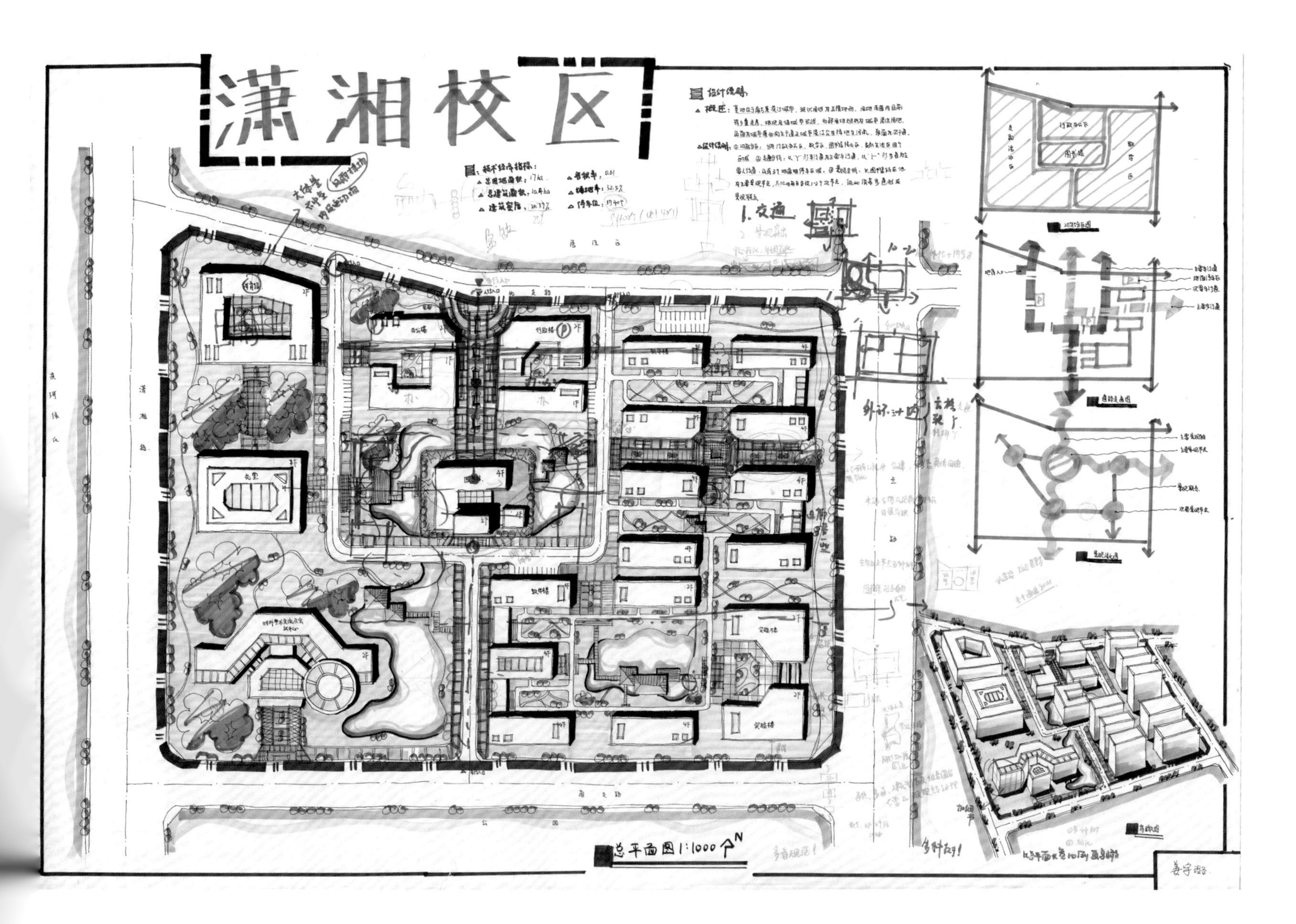
潇湘校区
总平面图 1:1000
设计说明
技术经济指标
1.交通
图书馆
行政楼
实验楼

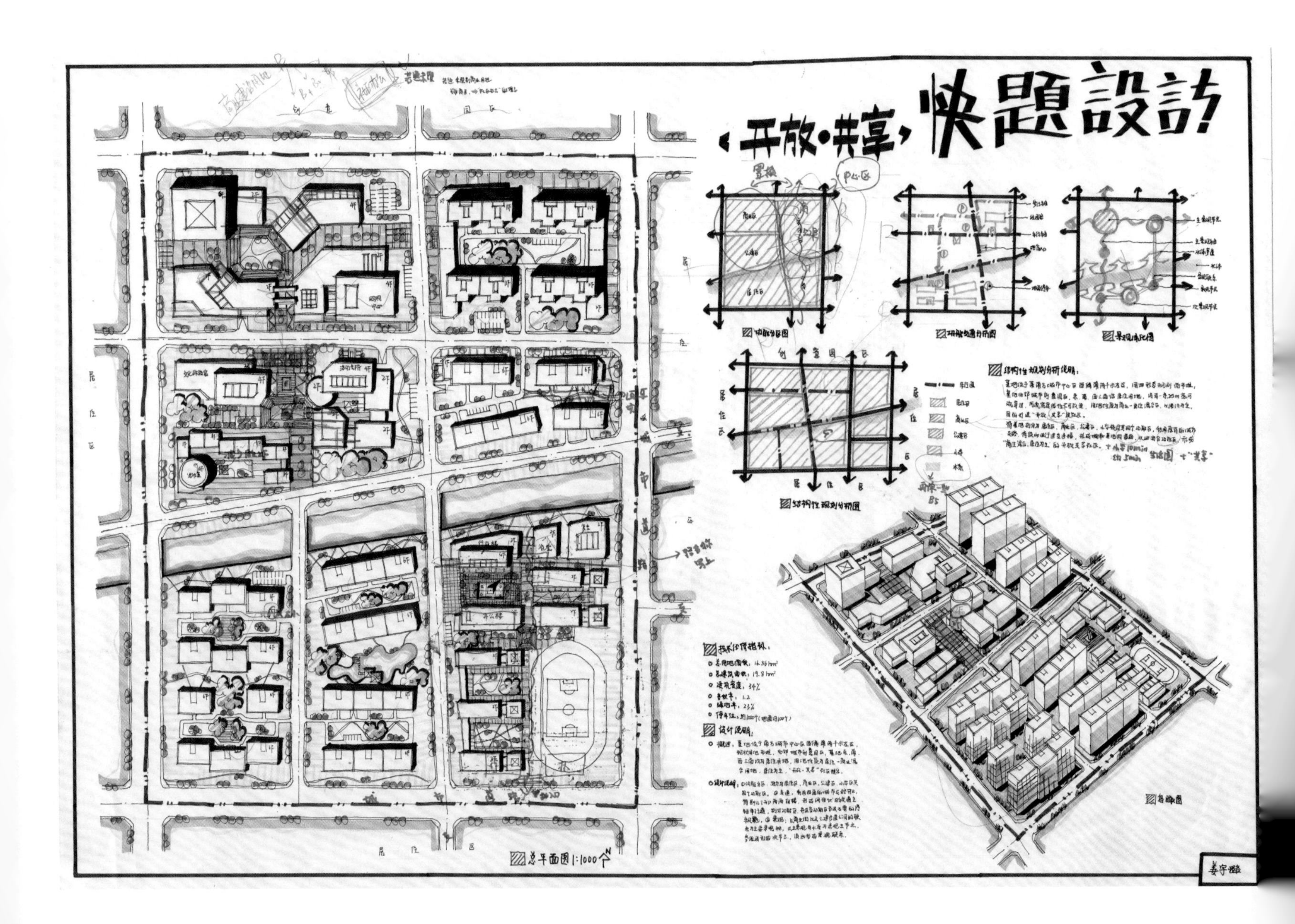
〈开放·共享〉快题設計
总平面图 1:1000
结构性规划分析图
鸟瞰图
技术经济指标
设计说明

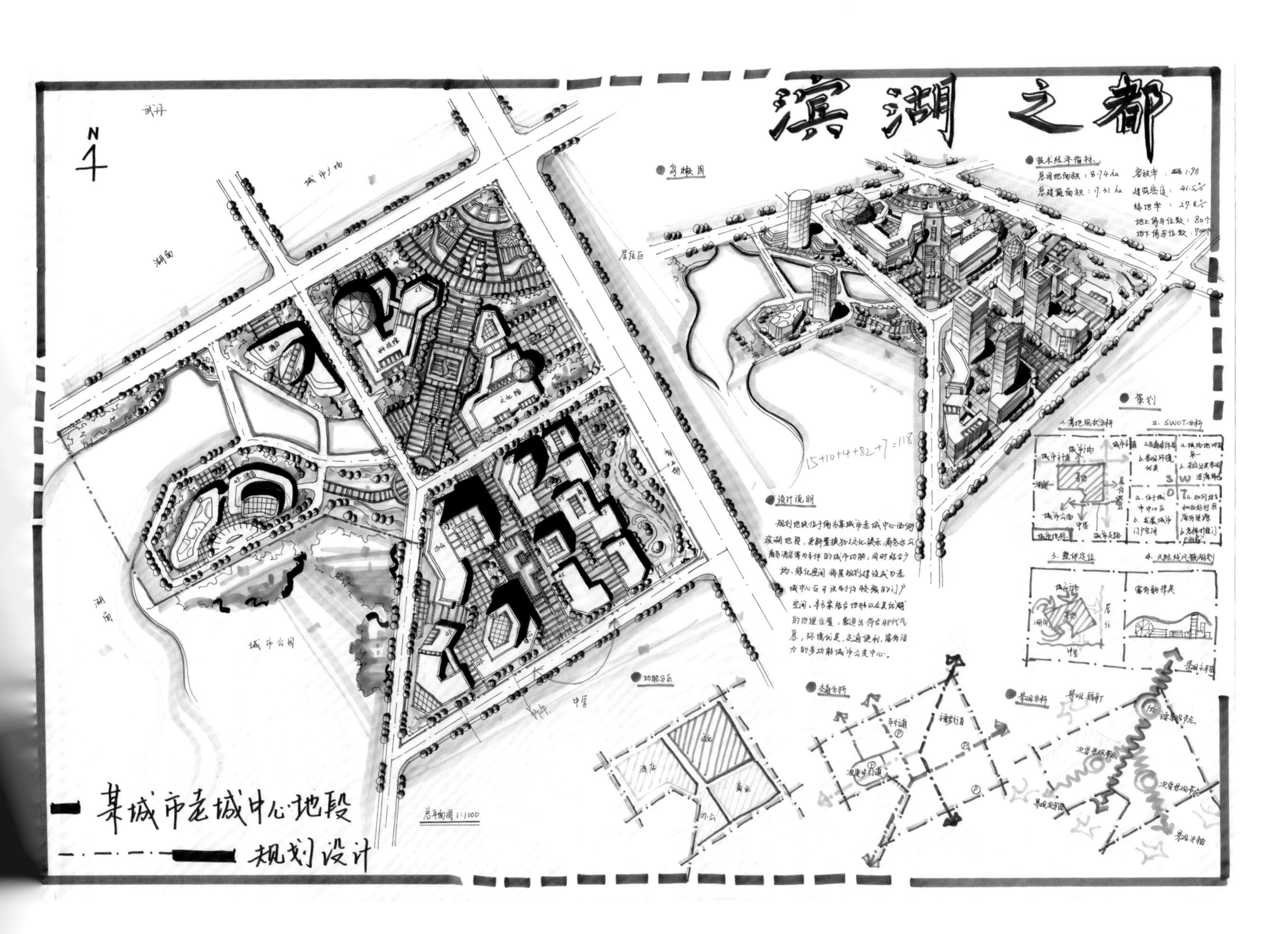
滨湖之都
某城市老城中心地段
规划设计
鸟瞰图
技术经济指标
设计说明
功能分区
交通分析
景观分析
策划
总平面图 1:1000
城市公园
湖面

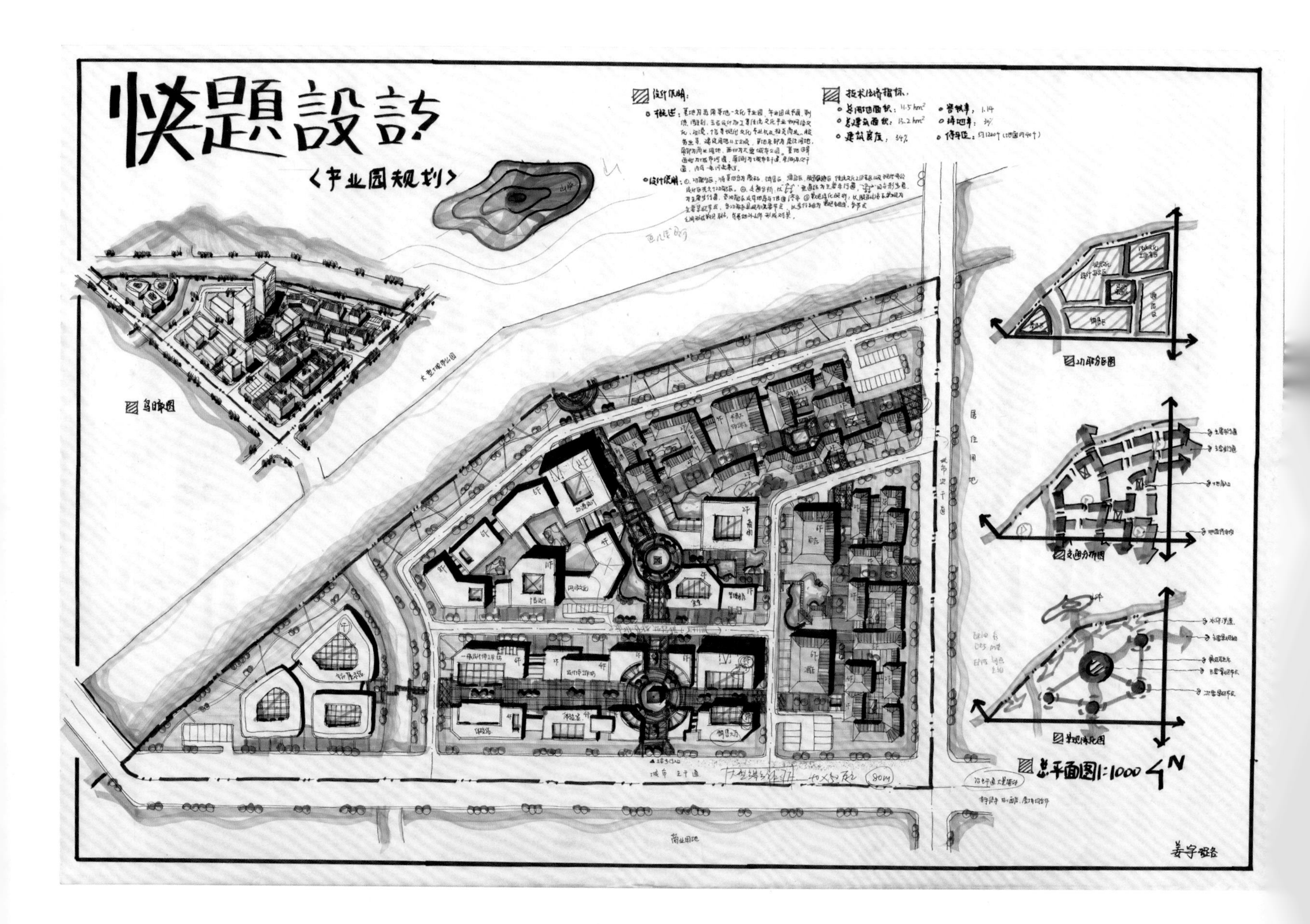
快題設計
<产业园规划>
设计说明：
技术经济指标：
鸟瞰图
功能分区图
交通分析图
景观体系图
居住用地
商业用地
总平面图1:1000

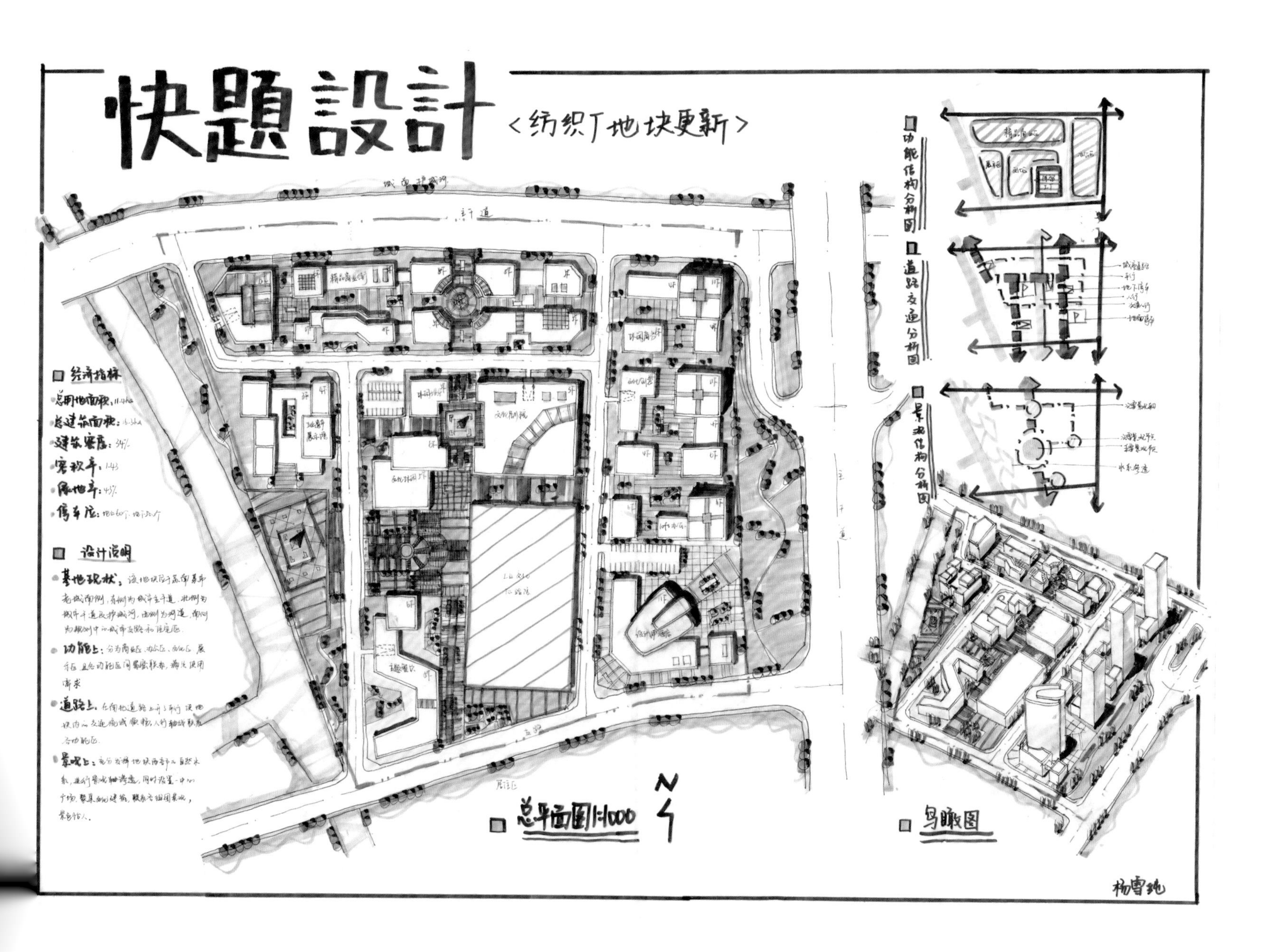
快題設計
<纺织厂地块更新>
经济指标
总用地面积：11.4ha
总建筑面积：16.3ha
建筑密度：34%
容积率：1.43
绿地率：43%
停车位
设计说明
基地现状：
功能上：
道路上：
景观上：
总平面图1:1000
N
功能结构分析图
道路交通分析图
景观结构分析图
鸟瞰图
杨雪纯

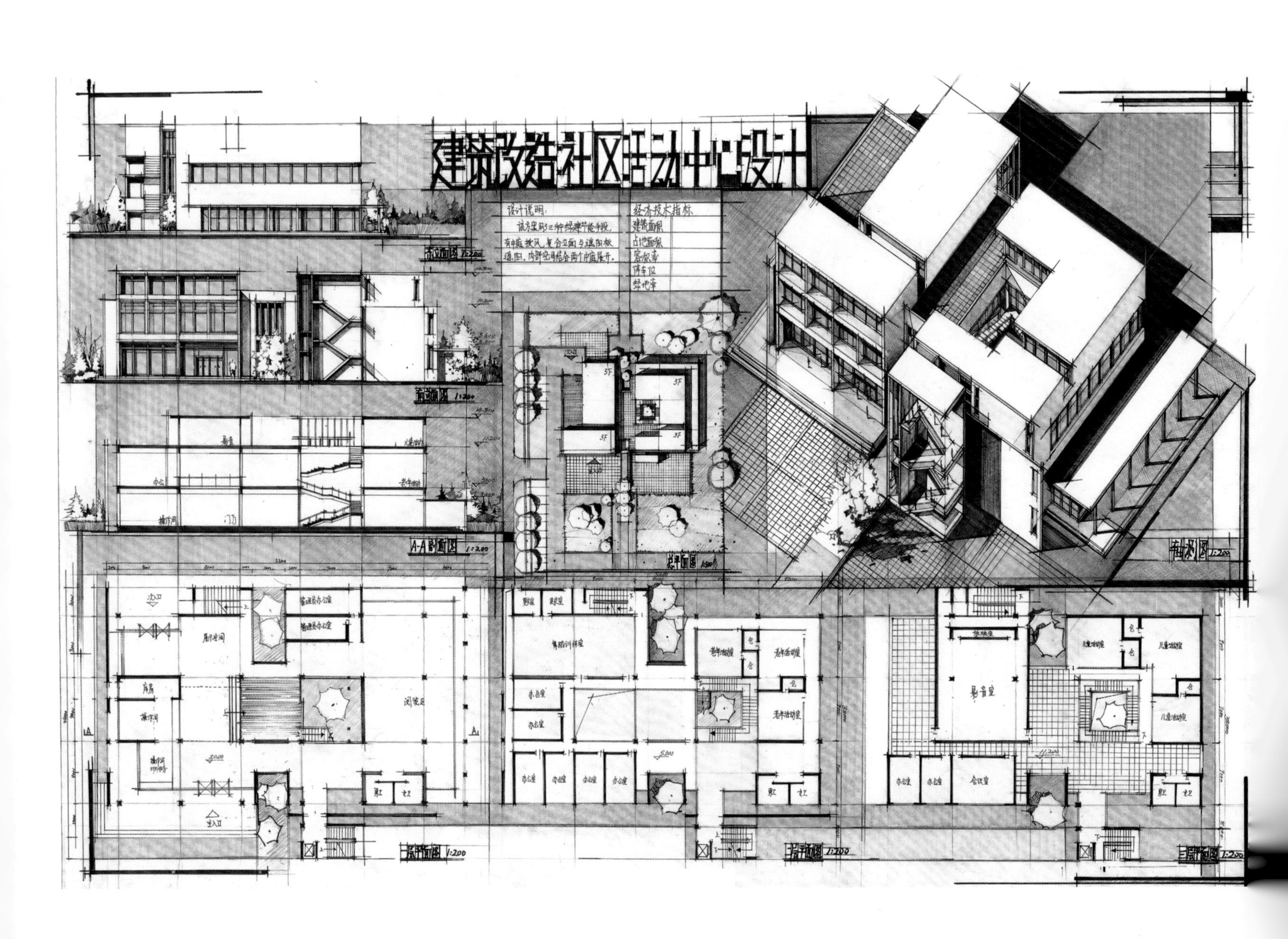
建筑改造社区活动中心设计
设计说明：
经济技术指标
建筑面积
占地面积
容积率
停车位
绿地率
A-A剖面图 1:200
轴测图 1:200

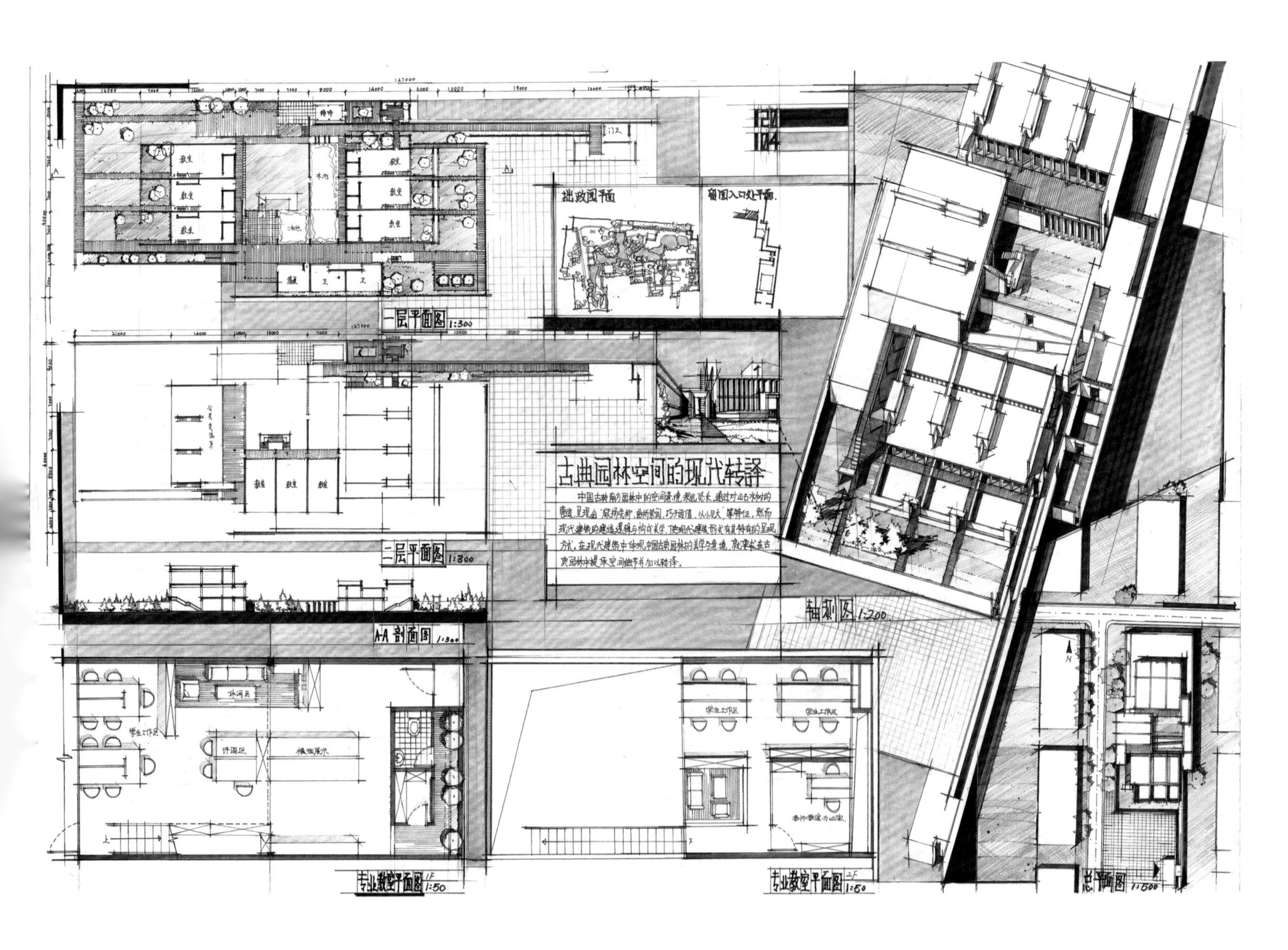
一层平面图 1:300
拙政园平面
留园入口处平面
二层平面图 1:300
古典园林空间的现代转译
中国古典南方园林中的空间意境，求风悠长，通过对山石水树的营造，呈现出"欲扬先抑，曲折萦回，巧于因借，以小见大"等特征，然而现代建筑的建造逻辑与构成美学，使现代建筑形式有其特有的呈现方式。在现代建筑中体现中国古典园林的美学与意境，就要求在古典园林中提取空间细节并加以转译。
A-A剖面图 1:300
轴测图 1:200
专业教室平面图 1F 1:50
专业教室平面图 2F 1:50
总平面图 1:500

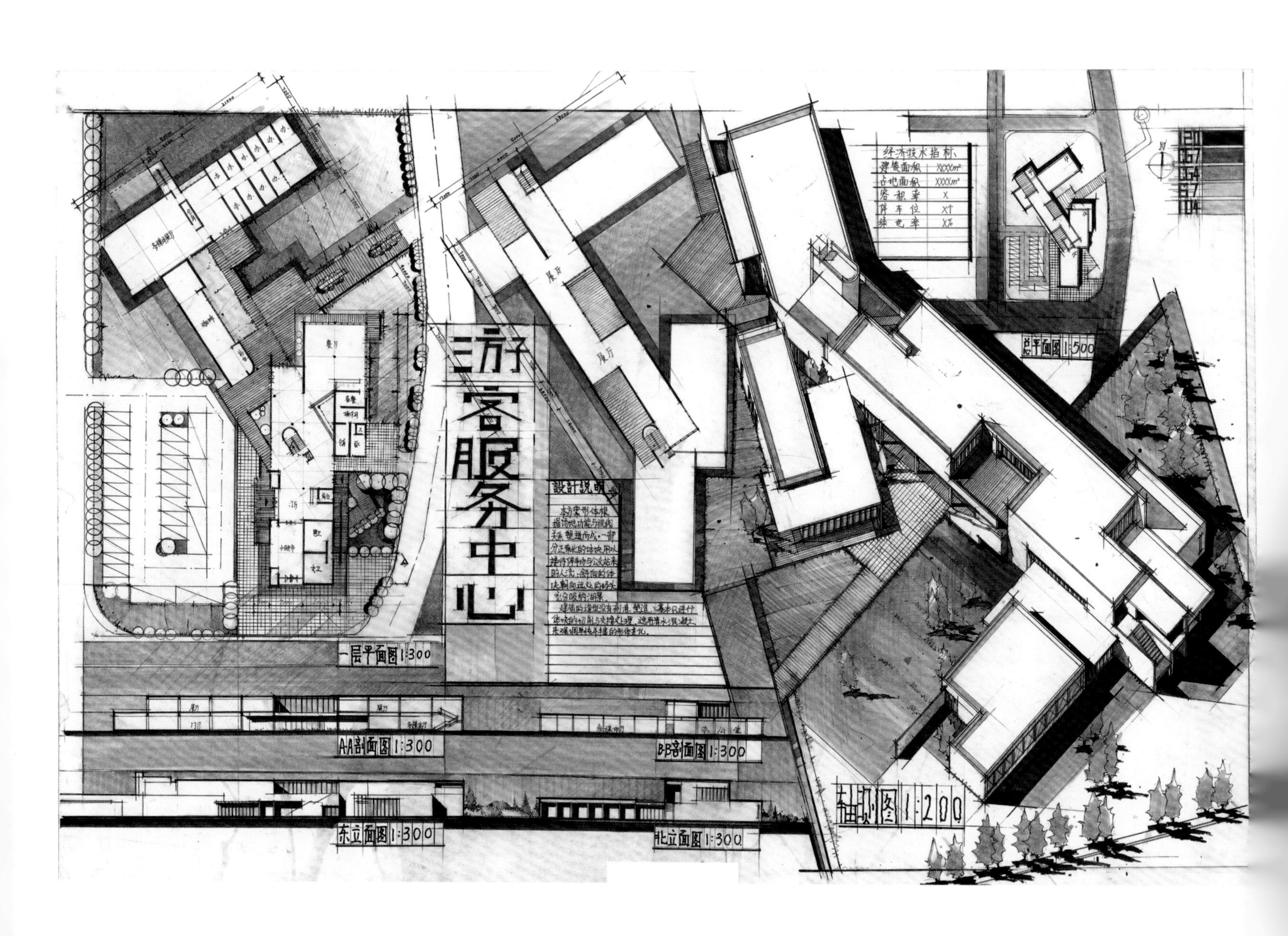
游客服务中心
设計說明
经济技术指标
建筑面积 XXXXm²
占地面积 XXXXm²
容积率 X
停车位 X个
绿地率 X%
总平面图 1:500
一层平面图 1:300
AA剖面图 1:300
BB剖面图 1:300
东立面图 1:300
北立面图 1:300
轴测图 1:200

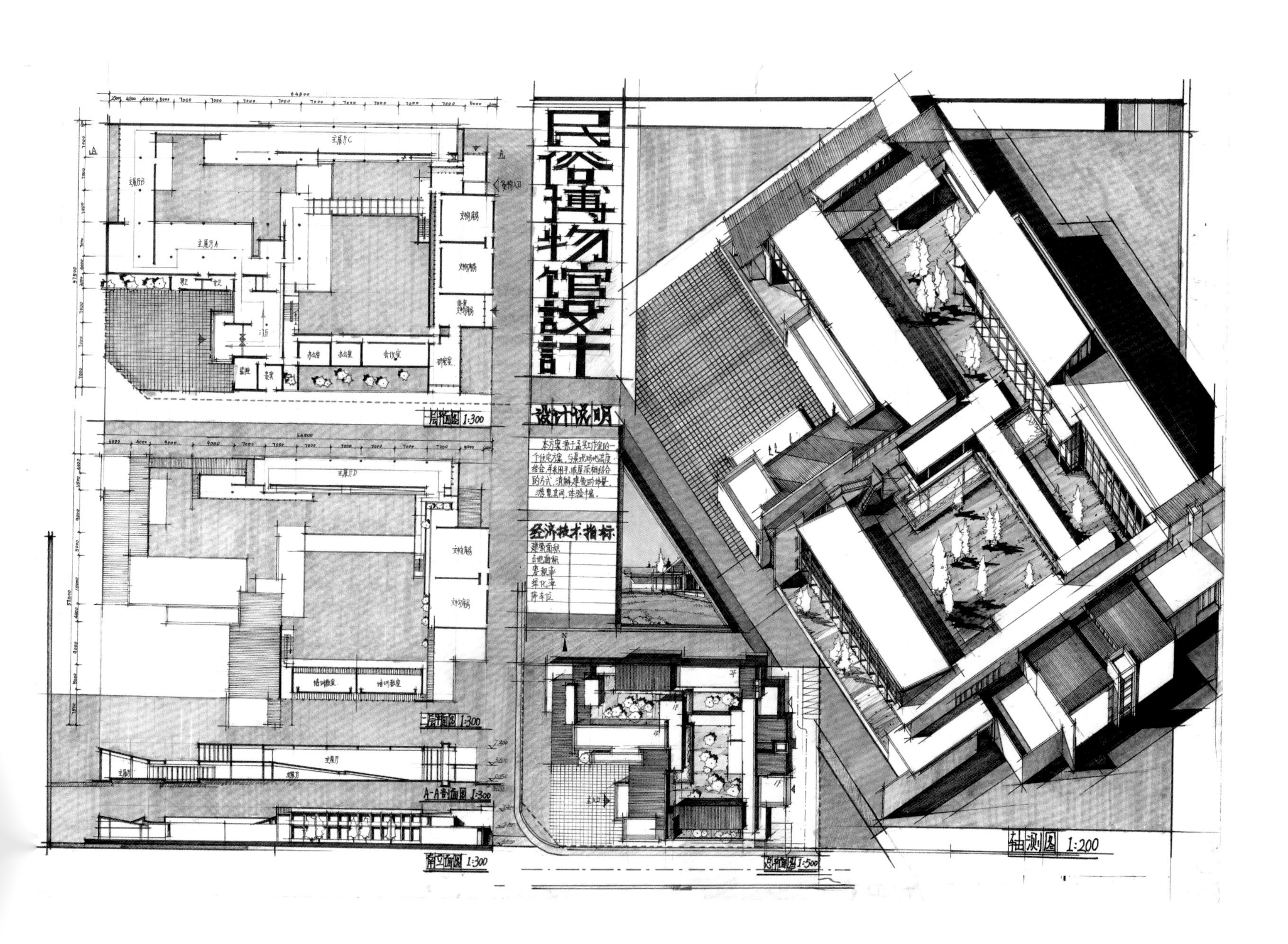
民俗博物馆設計
设计说明
本方案源于孟买工作室的一个住宅方案，与景观场地高度结合，并采用平、坡屋顶相结合的方式，消解建筑的体量，游览其间，体验丰富。
经济技术指标
建筑面积
占地面积
容积率
绿化率
停车位
主展厅A
主展厅B
主展厅C
主展厅D
文物库房
会议室
培训教室
一层平面图 1:300
二层平面图 1:300
A-A剖面图 1:300
南立面图 1:300
总平面图 1:500
轴测图 1:200

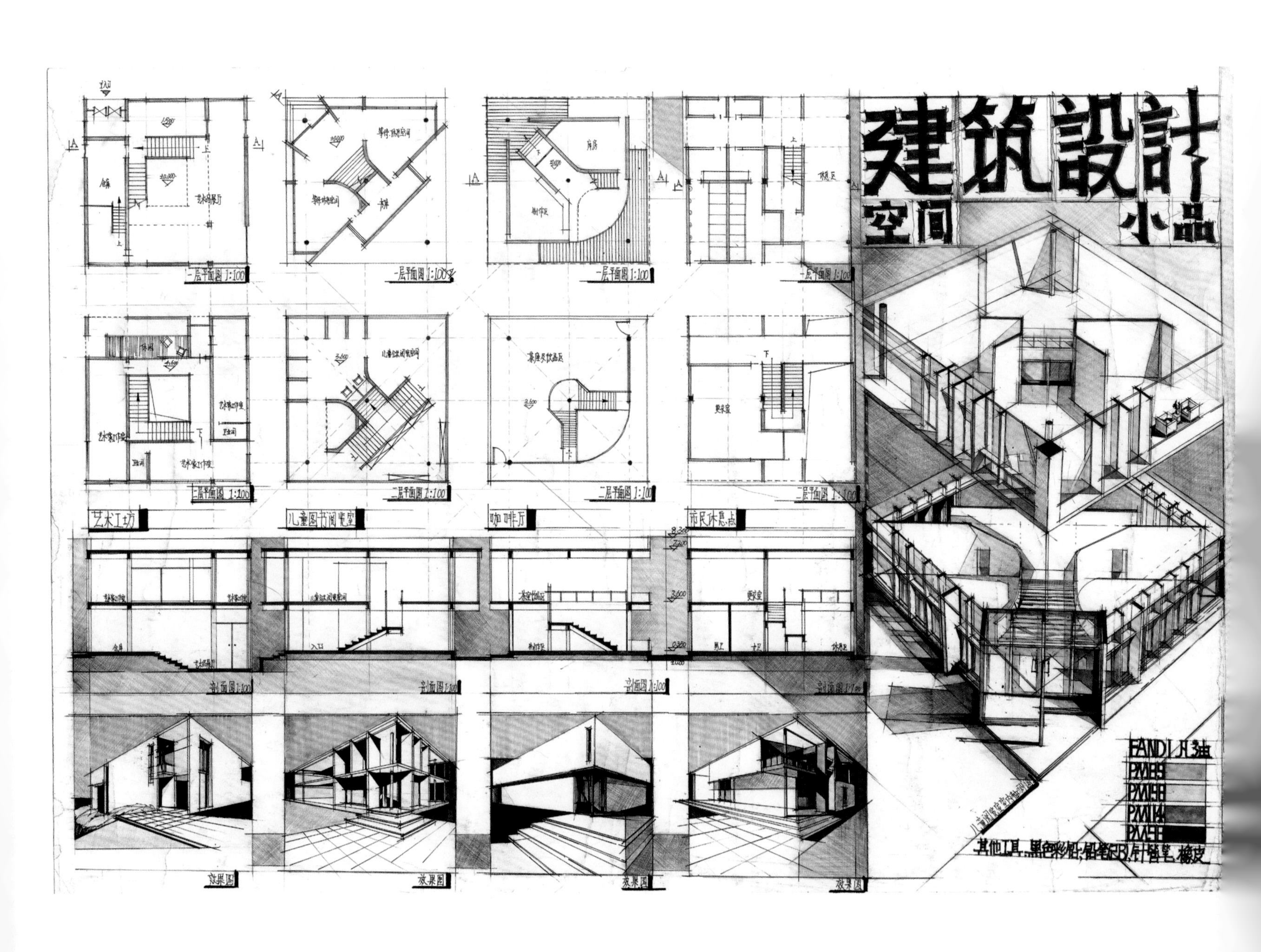
建築設計
空间
小品
一层平面图 1:100
二层平面图 1:100
艺术工坊
儿童图书阅览室
咖啡厅
市民休息点
剖面图 1:100
效果图
FANDI 凡迪
PM89
PM98
PM141
PM98
其他工具：黑色彩铅，铅笔(2B)，针管笔、橡皮

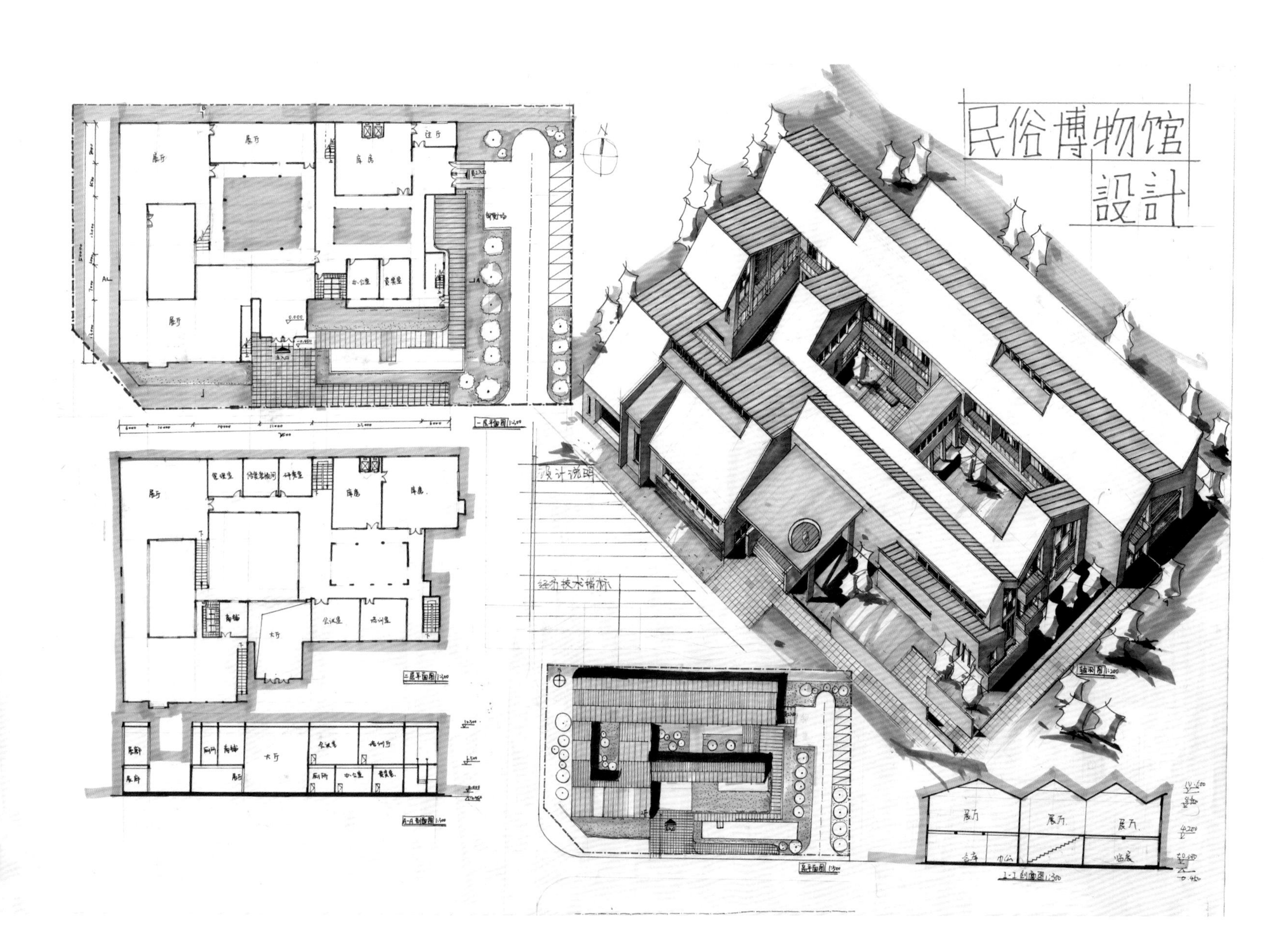
民俗博物馆
設計
设计说明
经济技术指标
一层平面图 1:400
二层平面图 1:400
A-A剖面图 1:400
总平面图 1:500
1-1剖面图 1:300
展厅
库房
办公室
会议室
大厅
展厅
临展

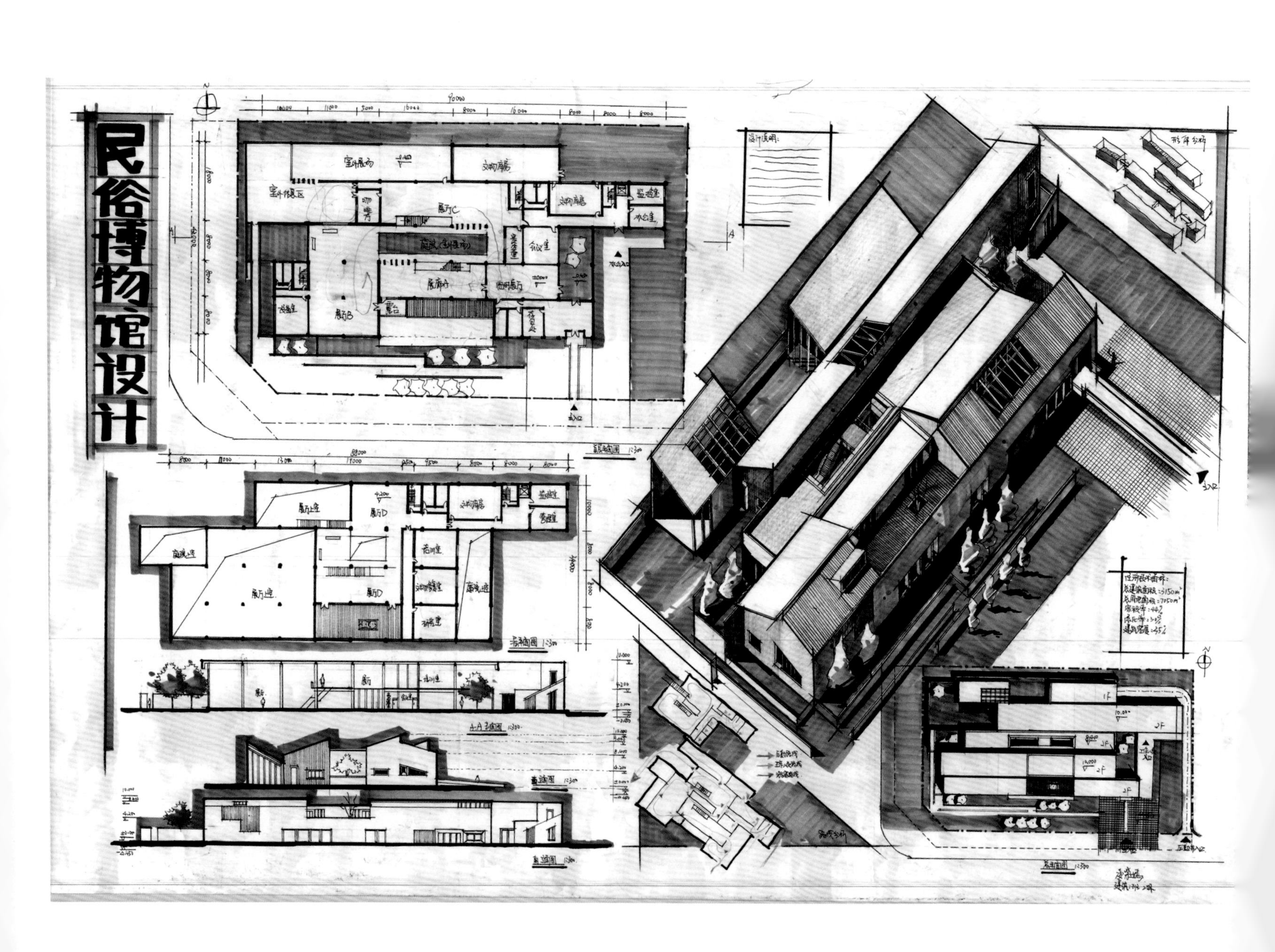
民俗博物馆设计
设计说明：
一层平面图
二层平面图
A-A剖面图
立面图
总平面图
形体分析
流线分析
主入口
次入口

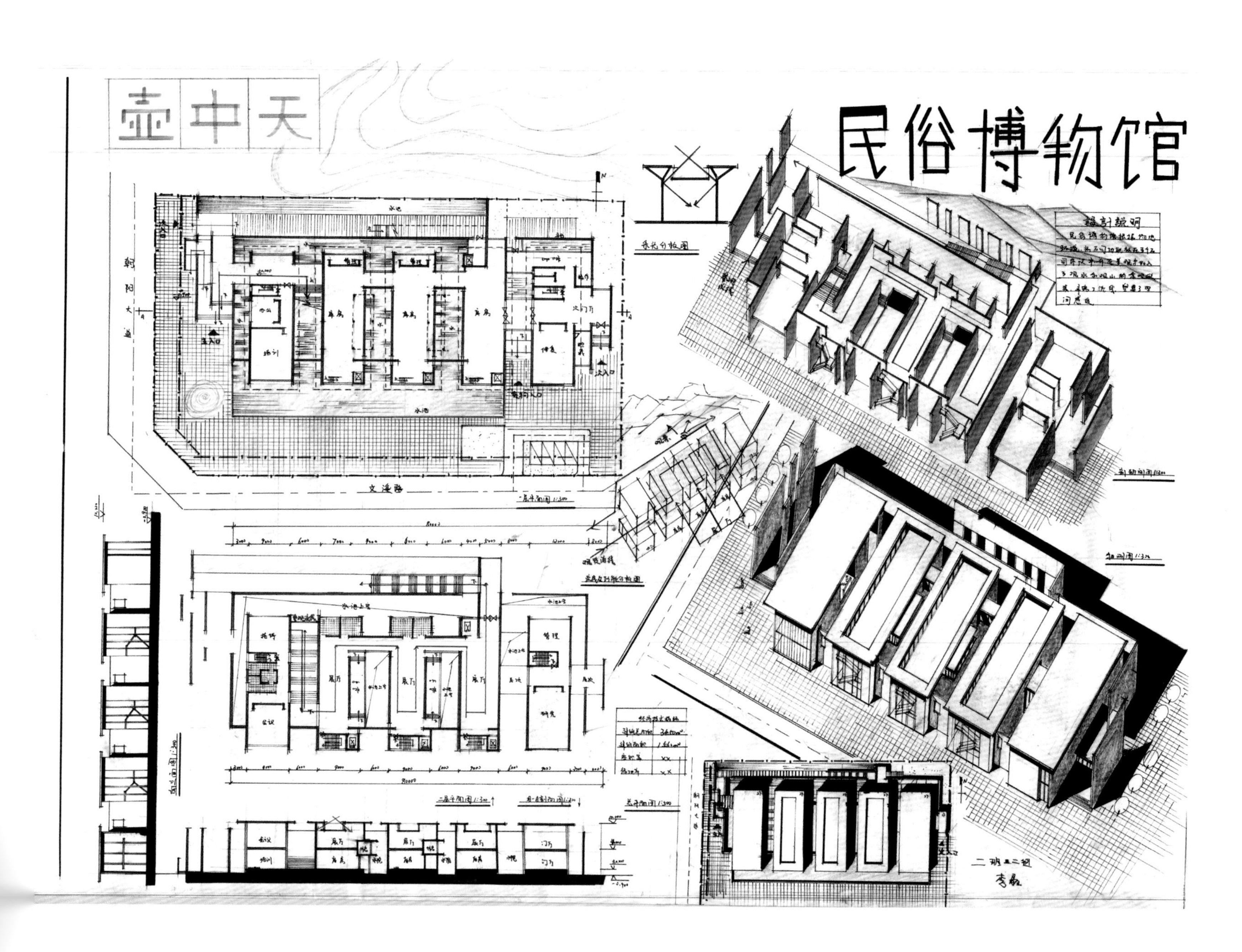
壶中天
民俗博物馆

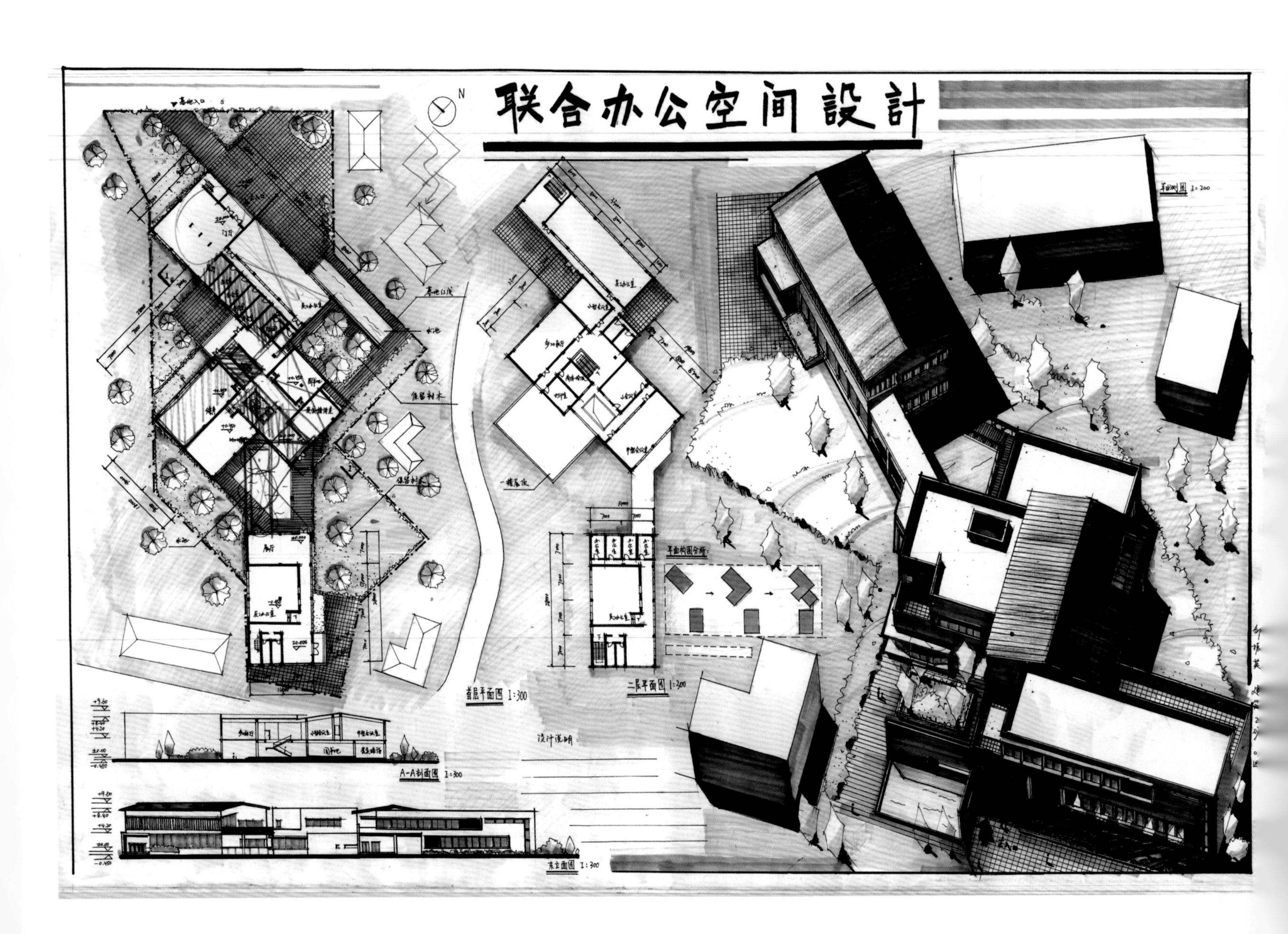
联合办公空间設計
首层平面图 1:300
二层平面图 1:300
平面构图分析
A-A剖面图 1:300
设计说明：
东立面图 1:300
轴测图 1:200

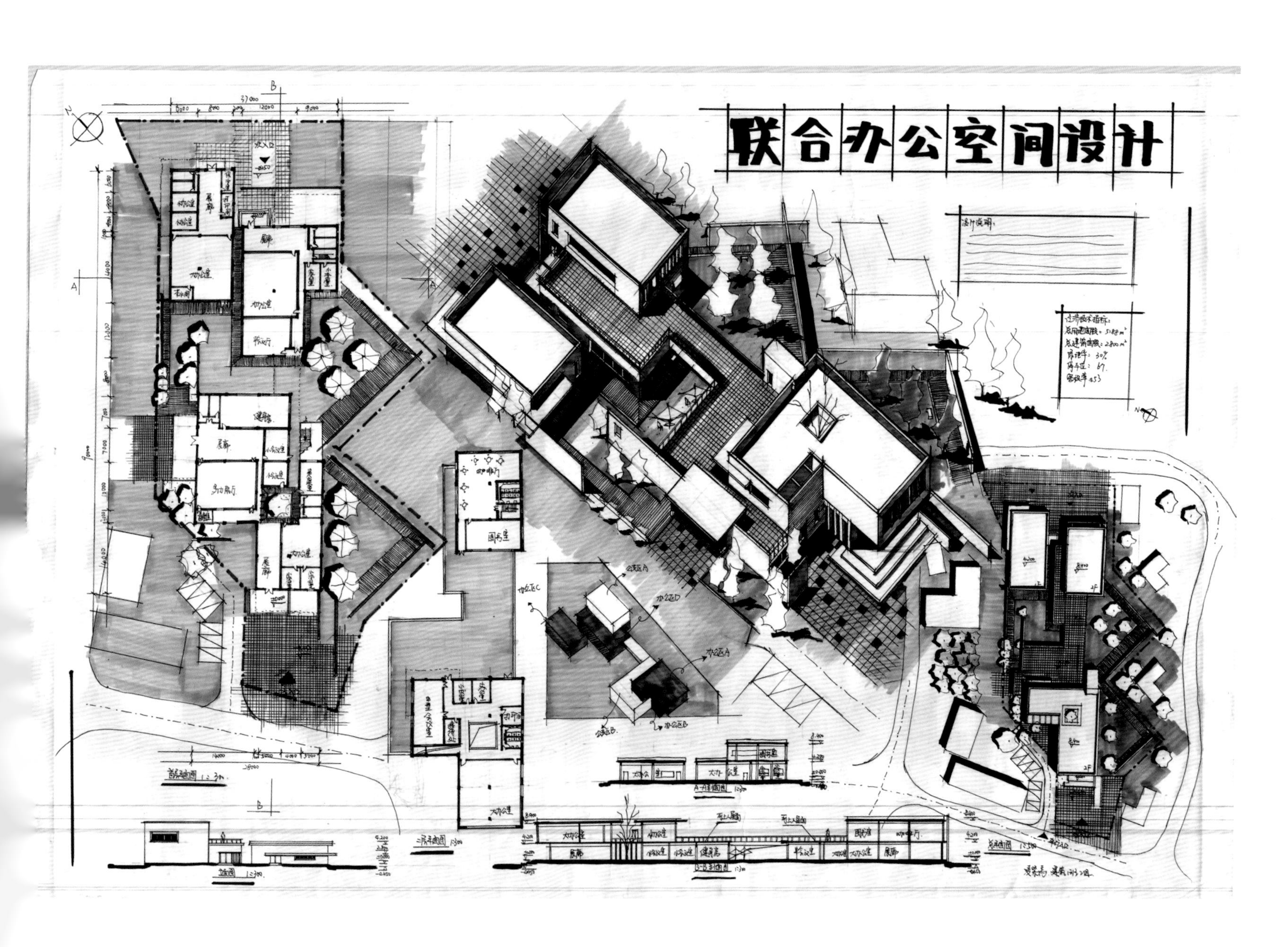
联合办公空间设计

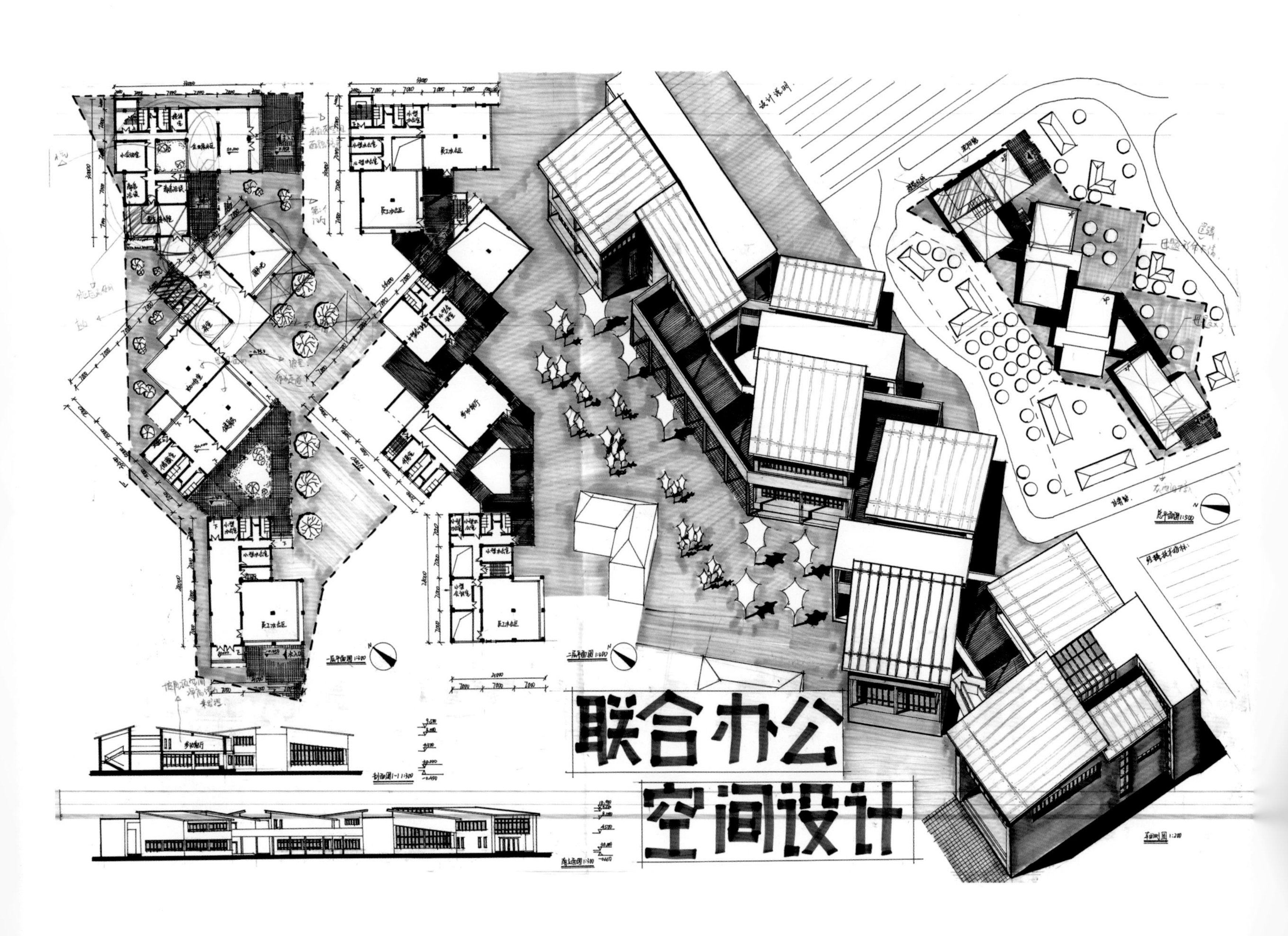
联合办公
空间设计

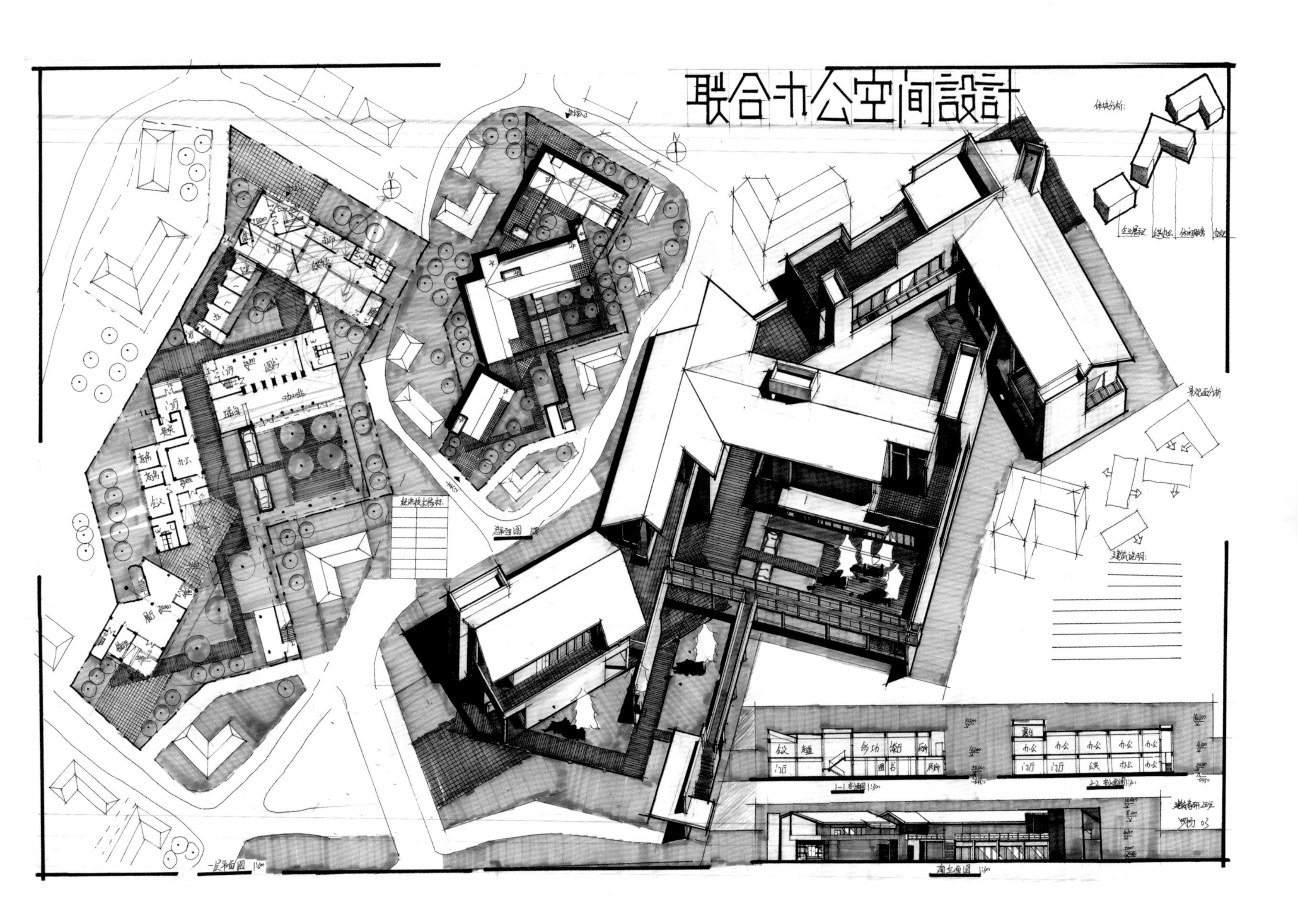
联合办公空间設計
体块分析：
景观面分析
建筑说明：
经济技术指标
总平面图
一层平面图
1-1剖面图
2-2剖面图
南立面图

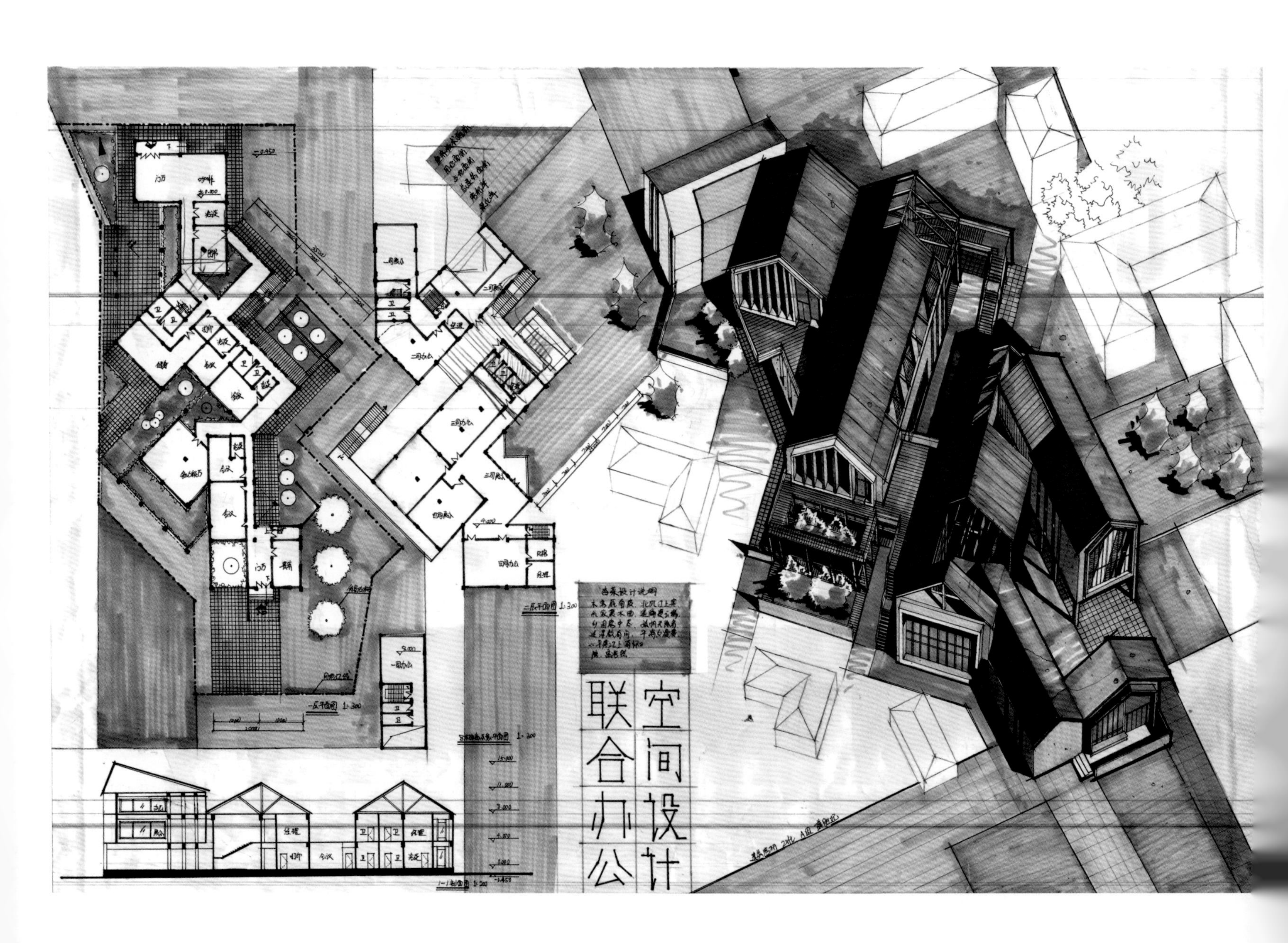
空间设计
联合办公

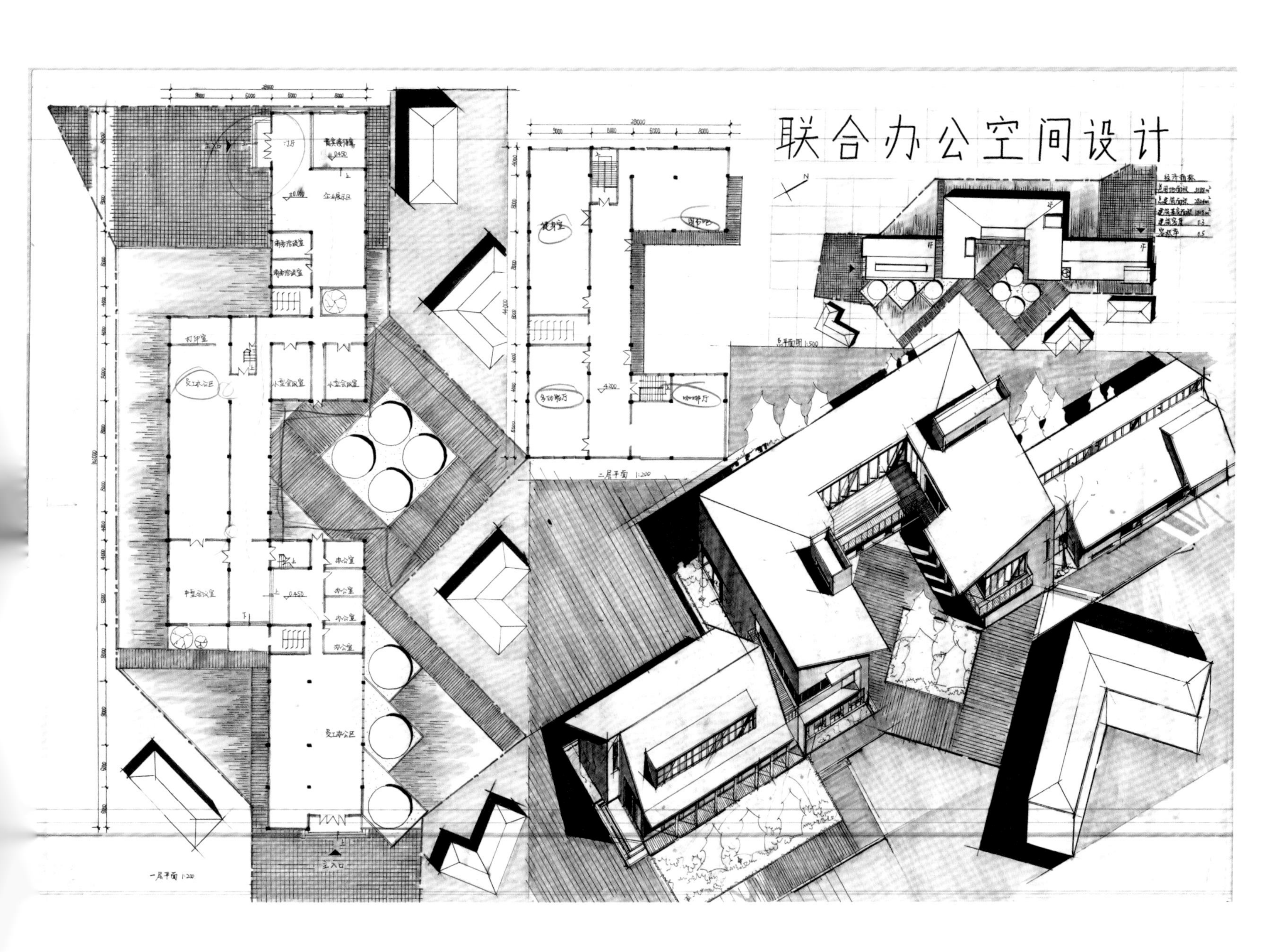
联合办公空间设计
一层平面 1:200
二层平面 1:200
总平面图 1:500
主入口

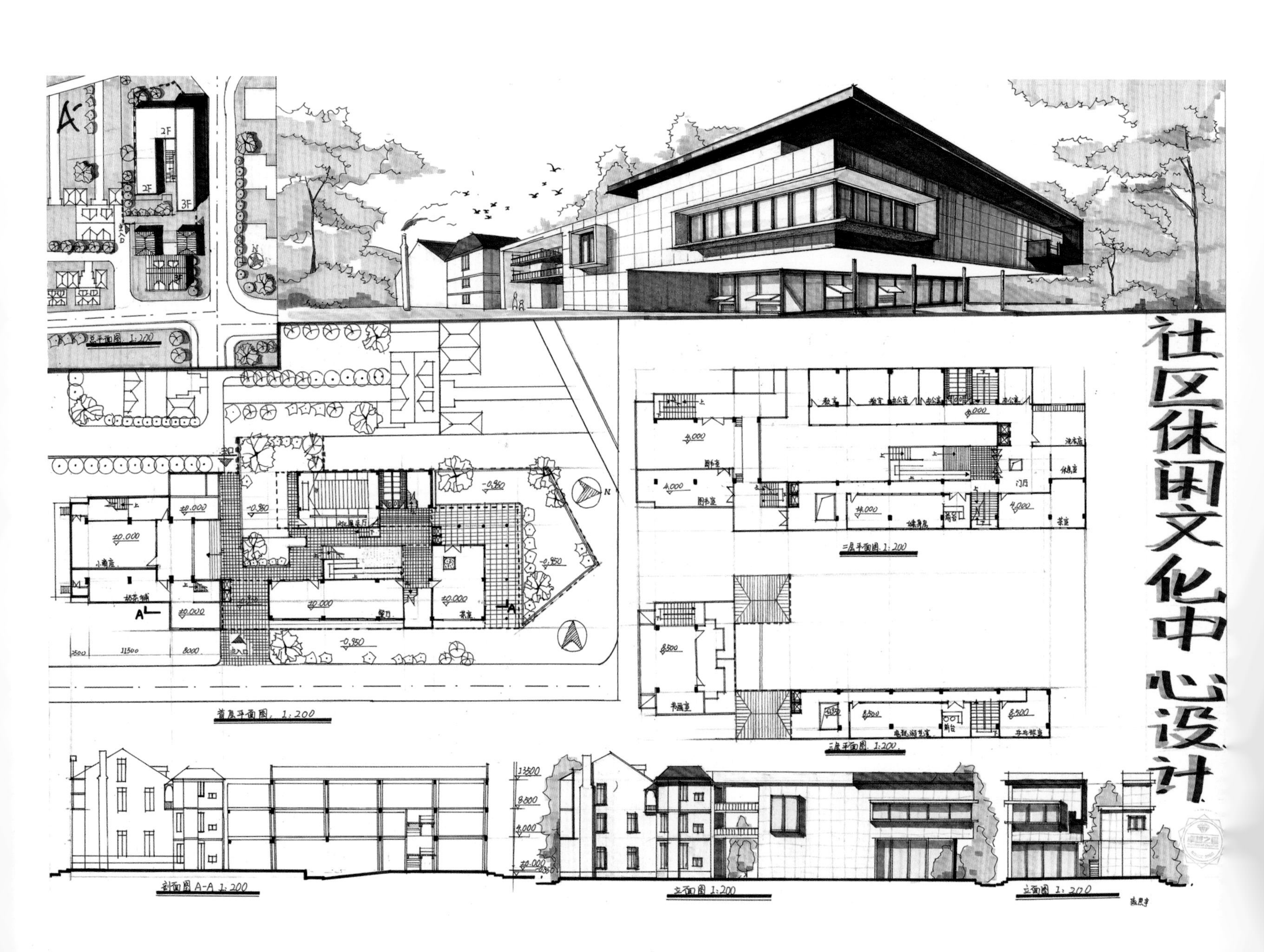
社区休闲文化中心设计
总平面图 1:200
首层平面图 1:200
二层平面图 1:200
三层平面图 1:200
剖面图A-A 1:200
立面图 1:200
立面图 1:200

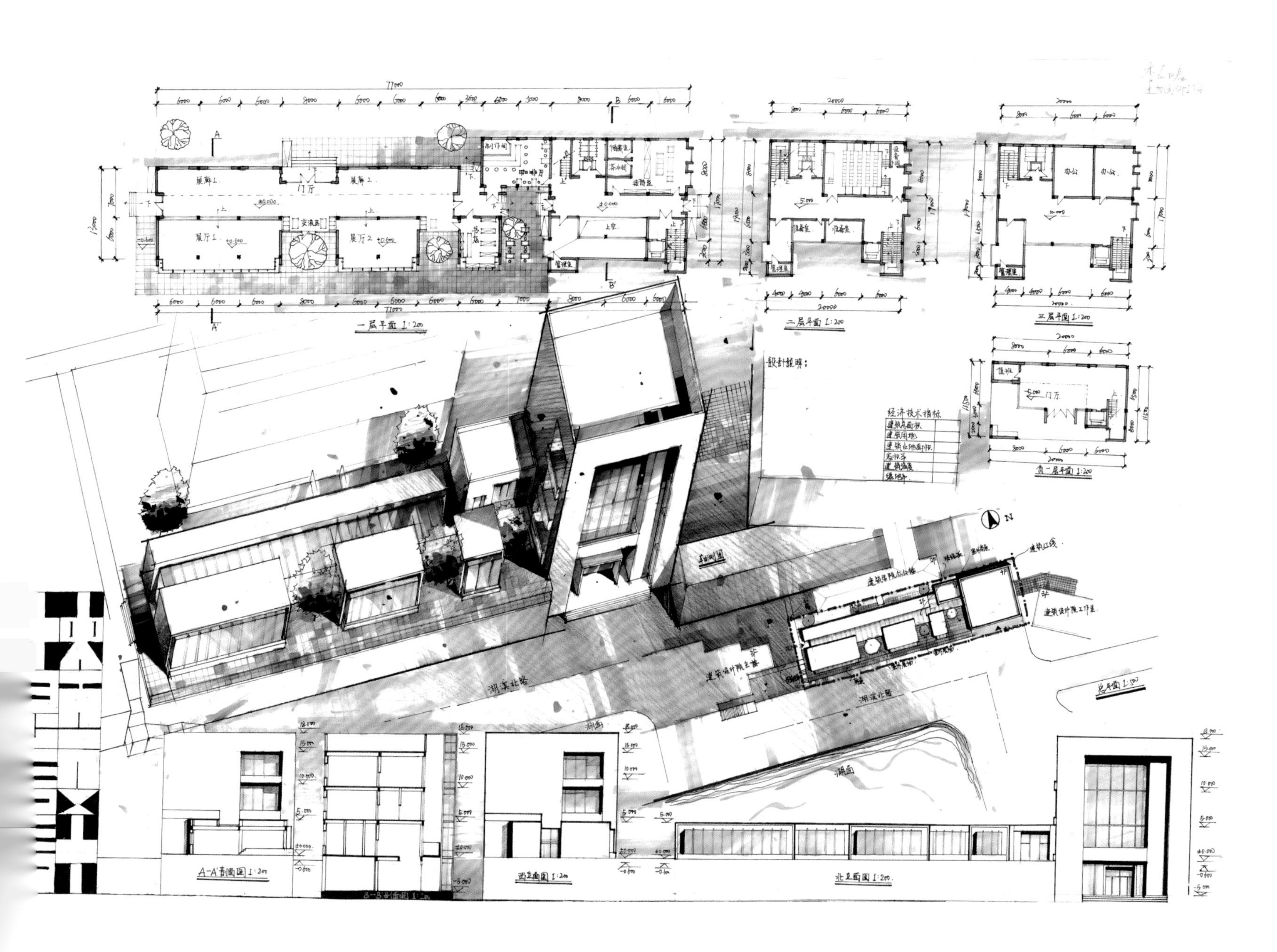
一层平面 1:200
二层平面 1:200
三层平面 1:200
负一层平面 1:200
设计说明：
经济技术指标
湖滨北路
总平面图 1:500
湖面
A-A'剖面图 1:200
西立面图 1:200
北立面图 1:200

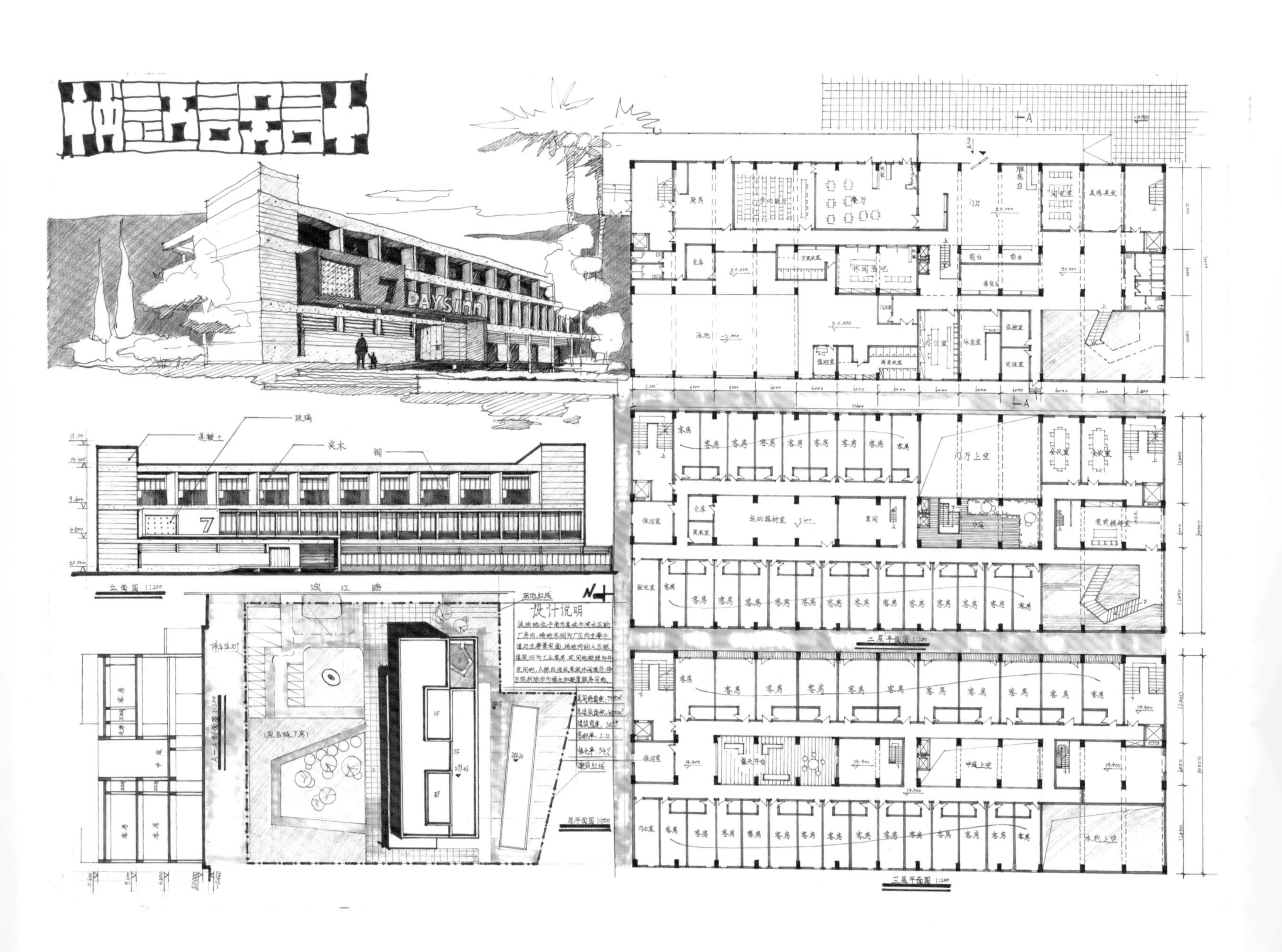
7 DAYS Inn
混凝土
实木
立面图 1:200
设计说明
二层平面图 1:200
三层平面图 1:200
客房
餐厅
门厅
会议室
保洁室

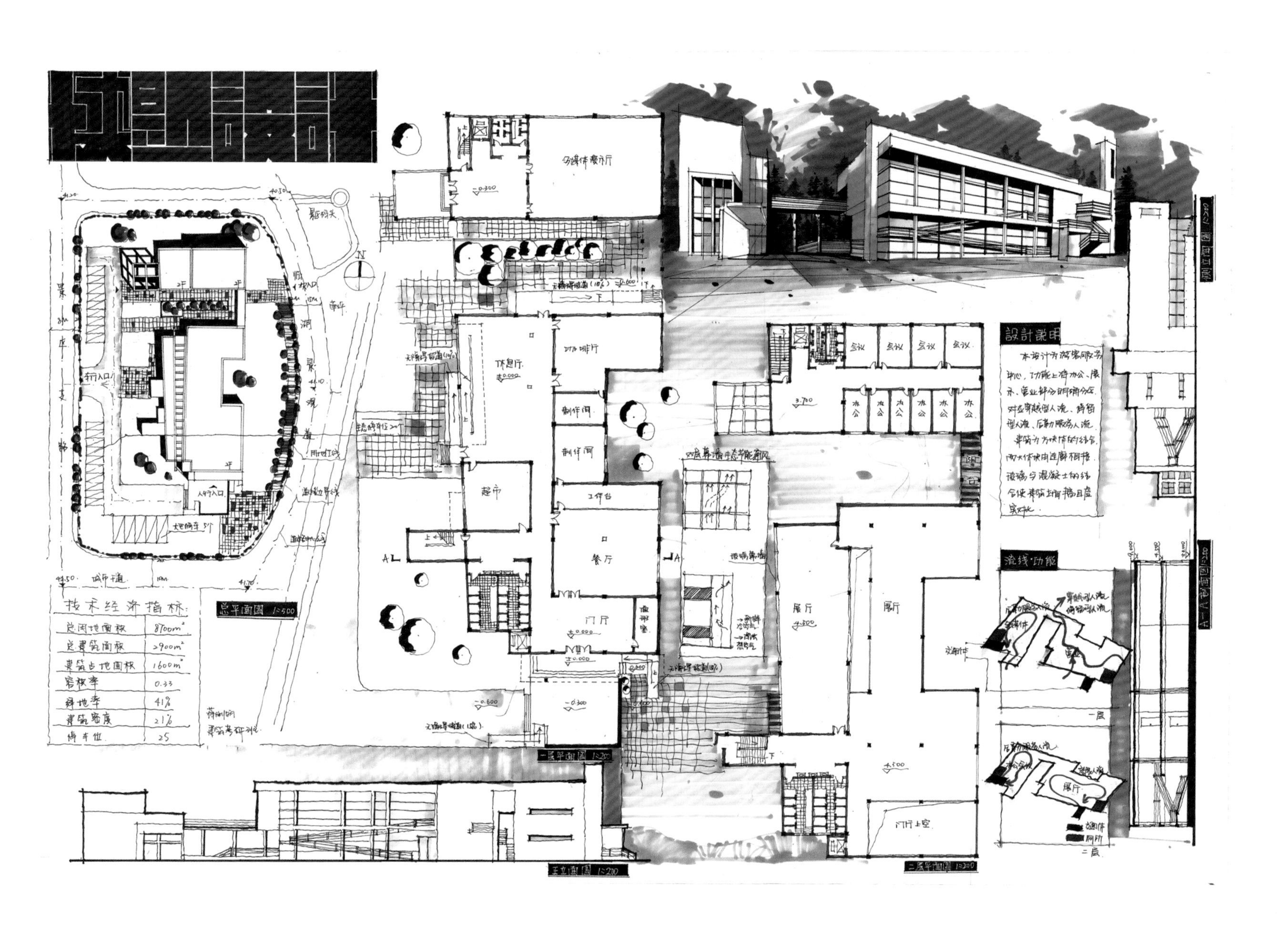
总平面图 1:500
城市干道
技术经济指标：
总用地面积 8700m²
总建筑面积 2900m²
建筑占地面积 1600m²
容积率 0.33
绿地率 41%
建筑密度 21%
停车位 25
多媒体展示厅
休息厅
咖啡厅
制作间
超市
工作台
餐厅
门厅
一层平面图 1:200
展厅
会议
办公
门厅上空
二层平面图 1:200
正立面图 1:200
A-A剖面图 1:200
設計說明
本设计为游客服务中心，功能上将办公、展示、营业部分明确分区，对应穿越型人流、停留型人流、后勤服务人流。
建筑为方块体的结合，两大体块由连廊相接，玻璃与混凝土的结合使建筑立面轻盈且虚实对比。
流线·功能
一层
二层

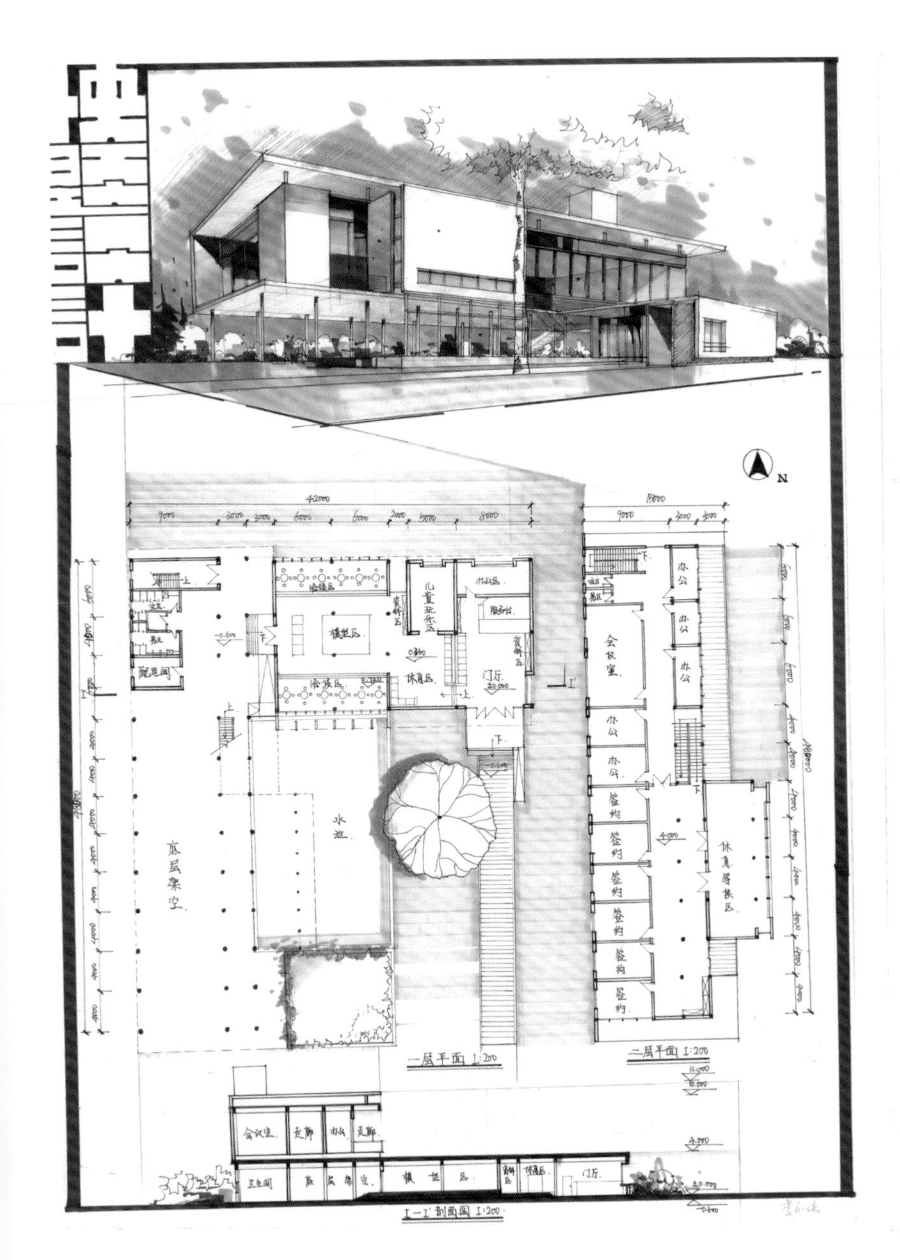
一层平面 1:200
二层平面 1:200
I—I' 剖面图 1:200
底层架空
水池
会议室
办公
签约
休息区
门厅
模型区
会议室

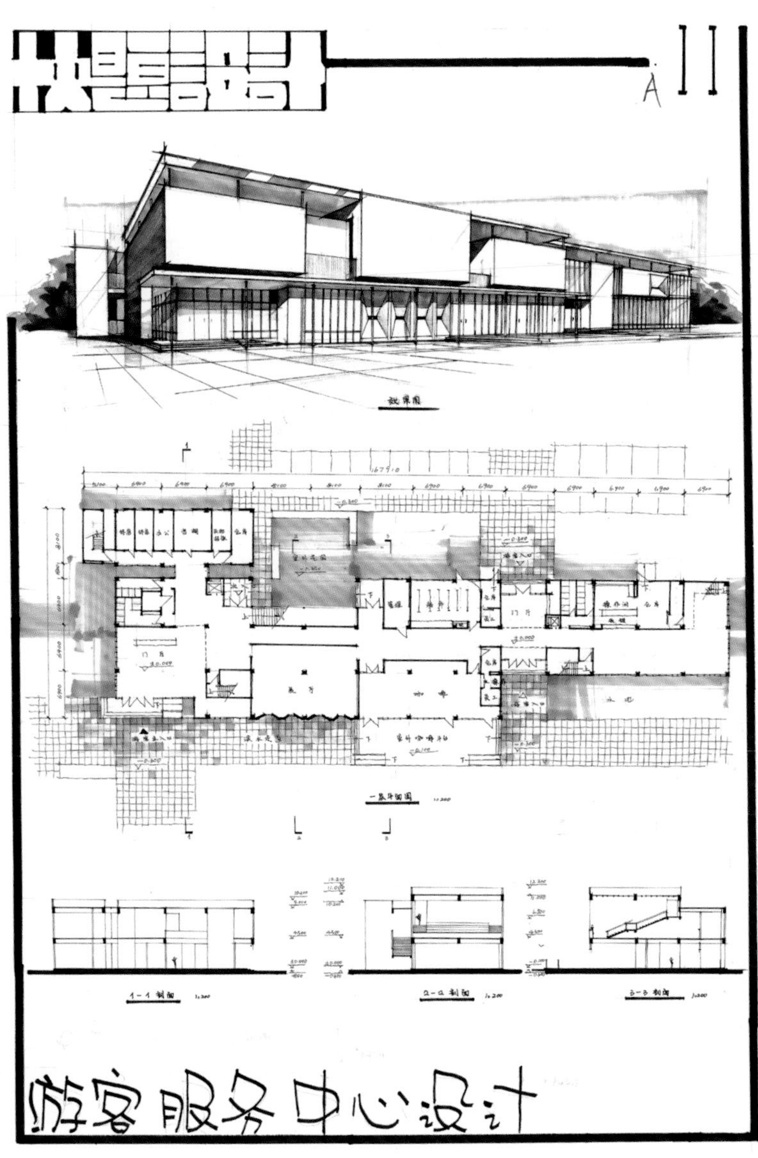
快题设计
鸟瞰图
一层平面图
1-1 剖面
2-2 剖面
3-3 剖面
游客服务中心设计

图书在版编目(CIP)数据

30天必会建筑手绘快速表现 / 杜健，吕律谱编著. - 2版. - 武汉：华中科技大学出版社，2021.1(2023.1重印)
(卓越手绘)
ISBN 978-7-5680-6731-7

Ⅰ. ①3… Ⅱ. ①杜… ②吕… Ⅲ. ①建筑画 - 绘画技法 Ⅳ. ①TU204.11

中国版本图书馆CIP数据核字(2020)第206624号

30天必会建筑手绘快速表现（第2版）　　杜健　吕律谱 编著

出版发行：华中科技大学出版社（中国·武汉）　　电话：（027）81321913
武汉市东湖新技术开发区华工科技园　　邮编：430223
出 版 人：阮海洪

责任编辑：杨　靓　彭霞霞　　责任监印：朱　玢
责任校对：周怡露　　装帧设计：张　靖

印　　刷：武汉精一佳印刷有限公司
开　　本：889 mm × 1194 mm　1/16
印　　张：13.5
字　　数：173千字
版　　次：2023年1月第2版 第2次印刷
定　　价：79.80元